打開天窗 敢說亮話

CLICK

天窗出版

數碼力大提升

大提升

湛家揚博士 著

目錄

⇨ 第1章

3步提升基礎數碼力

⇨ 第2章

5個必修的數碼科技

⇨第**3**章

行業新趨勢
學創新點子

⇨第**4**章

突破傳統思維
5大致勝法則

黃紹基

周大福珠寶集團董事總經理

成為顛覆市場的變革者

細閱此書時，正值新型冠狀病毒肆虐全球之際。這場突如其來的危機，為個人的日常生活和工作模式、以至整個社會及經濟的運作都帶來不同程度的影響。各企業為了「疫」境求存，不得不加快數碼化步伐，重塑業務或營運模式，提升競爭力。零售業雖首當其衝，但憑數碼科技及創新極速進化，積極開拓新商機。作為零售業的一分子，我可謂感受至深。

湛博士的新作《數碼力大提升》收錄了他多年的創科經驗和數碼轉型的心得，透過深入淺出的例子或案例，為讀者解構數碼經濟中，企業真正的競爭對手，以及如何把握新機遇。湛博士以其獨到的洞察力，為讀者在這個充滿危機感的時期，帶來重要的啟示。

另外，書中談及「數碼經濟新思維」的章節特別有意思，與我的未來發展策略方向亦不謀而合。儘管營商環境變幻莫測，但離不開要以「消費需求」為主軸，以客為本。數碼轉型雖能助企業更透徹地了解客人的痛點和需要、緊貼市場脈搏，但企業本身也必須為員工注入新思維，方可有效規劃並執行各種數碼轉型項目。湛博士對「數碼經濟新思維」的見解，值得讀者深思。

俗語有云「這個世界唯一不變的，就是改變」。我誠意推薦大家用心品讀書中豐富的內容，敢於突破舊我、擁抱新思維，找出適合自己的轉型方法，成為顛覆市場的變革者。

巢國明

香港中小型企業總商會會長

中小企可藉數碼化技術極速進化

香港自開埠以來，企業多以輕工業及中小企業為主，自七十年代經濟起飛後，雖間中或有起跌，但整體而言也是向上的。而自從1979年中國內地經濟改革開放後，工廠北移，成本下降，為港商帶來更佳營商環境。

長久以來，香港中小企業以傳統生意及經營模式為主，由於經濟每年皆有增長，因而創新創意以往較為不被工商界重視。但隨著中國內地近年之經濟高速發展，創新科技一日千里，香港往日之營商優勢看似日漸減少，再加上近期事件如中美貿易戰、社會事件、新冠肺炎等嚴重打擊香港經濟，驟使香港經濟跌入谷底，不知何去何從。幸好，香港財政政策一向穩健，才有能力應對現時之經濟狀況及可能會發生的各種金融危機。

正如湛博士在書中所言，有危就有機。近年發生的各種經濟及社會變化，可說是加快了中小企業在創新創意和升級轉型之求變速度。香港中小企業可藉著近年突飛猛進之數碼化技術加強自身在本業內之競爭能力，從而提升競爭優勢。另從宏觀方面看，國家近年提倡「一帶一路」倡議及粵港澳大灣區規劃，也正正提供無限商機給與中小企業發展。在本地而言，現屆特區政府亦非常注重創新科技之培訓及發展，全面提供不同創科基金供業界申請，以扶助企業除面向本地市場外，亦能更快速地進軍中國內地及國際市場。

世紀疫情已開始改變了全球消費模式及世界經濟結構，國與國和企業與企業之間連繫及往來，已全速邁向數碼化，這亦是全球經濟發展大方向之一。我們必須要好好裝備自己去迎接眼前這個挑戰和機遇。重中之重，當然是中小企業往後如何利用創新科技如人工智能（AI）、大數據、雲端科技、5G技術等突圍而出、領先群倫。凡此

種種，湛博士在本書皆有詳盡精闢見解，深入淺出，相信讀者閱後定能得益良多，更能有效把握企業發展路向，再創高峰！

感謝湛家揚博士在此書為香港中小企業帶來最新、最全面為提升數碼化所需要之訊息，亦願香港這顆東方之珠在國際舞台上再發光芒！

陳慶耀

匯豐銀行工商金融中小企業主管

客戶第一！創科只是排第二

認識湛博士，從數年前他擔任香港數碼港公眾使命總監時開始。那時香港創科圈剛起步，而匯豐工商金融也成立了支持創科生態圈的專責團隊，積極與各持分者交流，我也不時在研討會看到湛博士的身影。湛博士對創新及科技滿有熱誠，一方面培育創科生態圈，聯繫香港創科、商界和政府。另一方面教育企業數碼化的前景和實際應用，絕對是香港創科界重量級人物，加上桃李滿門，在中外企業、香港中文大學等教授管理、商業和IT課程，學生都稱呼他為「Toa Sir」。

過去幾年我有幸多次與湛博士同場分享，雖然每次討論的題目焦點各有不同，但同樣具啟發性和前瞻性。例如我們曾一起出席電台節目，討論銀行等大型企業如何「轉身」，把握數碼化機遇。多年合作，不變的是他那一句：「不論大小企業，都要數碼化」，現在回望，自然證實他遠見十足。此時此刻在疫情下，數碼化已經不再是企業「迎戰未來」的部署，更是維持日常營運的「必需品」，尤其之前未有考慮過數碼化的中小企，應深刻體會到「逆」境的營商挑戰。

當然明白數碼化的重要性只是第一步，中小企還要了解數碼工具和發展趨勢，才可以升級轉型，與時並進。這正是本書《數碼力大提升》大派用場的地方。除了介紹市場上不同創科趨勢外，湛博士特別強調商業實踐時應考慮的問題。「如果我有1個小時，我會用55分鐘了解問題是什麼，餘下5分鐘才想解決問題的方案。」湛博士引用愛因斯坦的這句名言正好提醒我們，大家不論認識了（又或是不認識）多少科技、多少創新、多少例子，數碼化的起點不在你的業務有什麼可以數碼化，而是客戶有什麼痛點需要你去解決。

湛博士的想法與我不謀而合。我十分認同企業要思考什麼該數碼化、怎麼實行，但絕對不應該是「人有我有」、「愈多愈好」，不應本末倒置，被潮流、花多眼亂的數碼化方案牽著走。書中「客戶第一！創科只是排第二」正是所有企業思考和實行數碼化時不可偏離的宗旨。《數碼力大提升》深入淺出，以淺白文字介紹多個創科界重要領域和應用，當中本地實例夠貼地，海外個案夠貼市，不論是創科、數碼化新手還是圈中同業，閱後都能長知識，有所啟發。正如書中所言，持續學習是每位創科人提升實力的不二法門。我也期待 Toa Sir 和創科圈朋友，日後在匯豐的中小企共享平台——「匯豐機匯」HSBC VisionGo 上，透過文章或網上研討會，與各中小企分享更多真知灼見。

林家禮博士

香港數碼港管理有限公司主席

積極成為創科生態圈的一分子

我認識湛家揚博士時,他是香港數碼港公眾使命總監。湛博士對培育初創公司及幫助企業推行數碼轉型的熱情和智慧給我留下了深刻的印象。數碼港能在全球創科界成為領先的數碼科技樞紐及金融科技大本營,他對此貢獻良多。當湛博士邀請我為他的新作《數碼力大提升》撰寫序言時,我一方面為他感到驕傲,另一方面為香港人高興,因為我們的年輕人和新一代中小企有機會學習湛博士在創新及科技行業的豐富經驗。

我記得湛博士曾與我分享他在職業生涯中成功的秘訣,就是他與創新及科技生態圈(Ecosystem)建立好的緊密網絡。他與各行各業的龍頭企業、傑出創業家、孵化器和加速器、科技巨企、投資者和學術界等合作良好。在數碼經濟中,精通數碼科技應用的公司和傳統企業之間的數碼鴻溝愈來愈大。湛博士一直努力推動大小公司與創科生態圈互動和協作,助力數碼轉型和數碼經濟的可持續發展,並堅信數碼轉型和企業創新的關鍵成功因素之一是能否積極地與創科生態圈互動和協作。

為了善用創科生態圈的資源和支援服務,無論大小企業和個人都需要加強他們的數碼素養、瞭解新興科技的基本原理、掌握主要行業和公司如何有效地應用這些科技來解決他們的痛點及抓住商業機會、學習未來科技的途徑等等。在湛博士的書中,他深入淺出地分享這些關鍵知識。

我完全認同湛博士所說,主動、積極和持續地參與創科生態圈是學習不斷創新的科技,以及如何應用這些科技的最佳方法。如果你想成為這個引人入勝和創意無限的創科生態圈的一分子,並能與創科生態圈合作共贏和共同創造價值,湛博士的這本書是你必讀的。

車品覺

紅杉資本中國專家合夥人、
阿里巴巴商學院特聘講座教授暨學術委員會委員

業務員工才是轉型重心

每當面對任何一間正在數碼化轉型的企業之初,所有CEO(行政總裁)都會問怎麼才知道轉型是否成功?這個問題很直接但不容易簡單回答,所以我會反問兩個問題,1)你覺得賺錢愈多,代表數碼化轉型愈成功嗎? 2)在數碼化過程中,員工真的接受及認同(Buy in)了嗎?

如果要抓一個重點來說,我會更希望關注公司員工對「數碼素養」的普遍認知及運用能力。因為任何一間企業僅要有足夠預算(Budget),都不難聘請人工智能、大數據等人才,但卻不容易讓每位員工都有足夠知識及勇氣接受全新的未來挑戰。湛博士(Toa Sir)的新作《數碼力大提升》正是一本有助加強數碼科技普及化認知的作品。

Toa Sir提出的數碼力其實是從認知到運用的過程,數碼化轉型成功必須要先改變甚至顛覆從前的思維方式。業務數碼化是企業走向智慧化的必經階段,資訊技術應該建立於讓業務流程更敏捷、更簡化。同時別把數碼化轉型誤解為僅技術主導,卻忽略了業務員工才是轉型的重心,技術人員學習業務原理的同時,業務員工也要明白數碼技術為商業帶來的轉變。轉型期間,跨技術與業務的人才最為難得,必須重點關注。在數碼經濟中講求生態合作,產業的上下游及共存關係較非數碼經濟時代更為密切,也是傳統企業難以突破的一關。

對於致力發展金融科技的香港,我覺得數碼化轉型的進度必須急起直追,多講無用,行動最實際。期待Toa Sir這本書能為你帶來新的啟發。

龍沛智

WeLab 創始人兼集團行政總裁

新經濟有危亦有機

新冠疫情令全球經濟步入新常態，突顯了企業要趕上數碼轉型的重要性，正如湛家揚博士在此書中提出，許多創新和科技將日漸顛覆原有的營商、工作和生活，數碼轉型日趨迫切。我在傳統金融業工作十多年後，換賽道轉往金融科技創業，令我對數碼轉型的重要性有深刻的體會。

我毅然從傳統金融業走到金融科技的賽道創業，要追溯到 2011/2012 年。我在美國史丹福大學攻讀碩士課程期間，看到互聯網金融在外國改善了傳統金融的很多問題，作為一個擁有多年銀行管理工作經驗的人，我深深明白到傳統金融服務的痛點，而湛博士在書中提出要了解和針對客戶的痛點來尋找解決辦法亦令我感受至深。

完成碩士課程之後，我回到原有銀行的工作崗位繼續工作了不久，便決心要在香港創立一間金融科技公司去解決傳統金融服務為客戶帶來的痛點。當時金融科技是新興服務，香港還未有一間公司嘗試開創純線上金融業務。創業之路不易走，尤其在沒有太多同行經驗作借鏡的新行業，過程充滿困難和挑戰。幸好，隨著大眾對科技的接受程度愈趨提高，數碼轉型開始受到重視，我的創業之路才得以步向新里程。

疫情對整體市場影響甚大，眾多需要實體店的行業例如餐飲業或傳統銀行均受影響。不過，我相信對於「新經濟」行業有危亦有機，如最近對於網上購物、遊戲、影音串流、外賣點餐或視像會議，均為他們帶來新的商機及令生意額大幅提升，這代表香港消費者生活行為習慣迅速改變，也看到香港人愈來愈接受網上金融服務。

我很興幸能在過程中認識到湛博士，他在創科行業擁有超過 30 年經驗，亦富有國際視野，給予我很多寶貴意見。有意創業又或者在數碼轉型之路遇上瓶頸的讀者，必定會從此書中得益！

趙子翹

創奇思創辦人及行政總裁
香港工業總會香港初創企業協會主席

了解創新科技的上佳入門書籍

「科技日新月異」已成老話,科技發展卻從未停下。創新之前先要趕上步伐,《數碼力大提升》的作者湛博士毫不吝嗇其豐富實戰經驗,梳理出不同數碼科技的特性以及數碼經濟下的新思維,實為大眾了解創新科技的上佳入門。湛博士對創科生態的資深程度可謂無人能及,可說是撰寫此書的最佳人選。

於數碼港及香港初創企業協會(Hong Kong Startup Council)的不同項目中,曾有幸與湛博士共同為創科生態攜手合作,從科技初創以至創新的商業模式等不同範疇,我們均見證創新科技一直顛覆消費者購買習慣和零售模式,O2O、AR/VR、電子錢包等在世界各地的普及程度也是有目共睹。物聯網、雲端技術加上5G技術的進一步普及,將會加速智慧城市發展,而衍生出來的龐大使用數據將鼓勵企業善用數據分析,以達至數據主導的營銷模式。本書引香港及國際企業為例,層層解說企業與客戶和科技與數據的互動關聯,為企業數碼轉型及環球經濟轉型帶來更具體畫面。

就如香港曾經由漁村變成轉口貿易港,再由製造業基地發展成國際金融中心,每次的經濟轉型都帶來「新陳代謝」,而且一次又一次帶領香港再創高峰。尤其是近年在面對疫情、環球市況等外在因素的重大挑戰時,我們都發現藉著創新的技術、商業模式及解決方案進行數碼轉型的企業會相對顯得更有準備,可以靈活調整營運和銷售模式去維持企業競爭力及開拓可持續發展。

湛博士的著作深入淺出地介紹了不同數碼轉型的先訣概念,實有助廣大讀者了解不同創新技術和趨勢所引發的「新常態」。祝願讀者們獲得本書的啟發後,在市場上的危與機當中都能夠持續進步,蛻變向前!

何順文教授

香港恒生大學校長

創新科技呼喚未來所需能力

隨著數碼科技與社會遇到前所未有的急速變化，作為教師或組織領導，我們應該如何教導年輕人應對未來的不確定性轉變、挑戰和新機？他們面對數碼轉型需要裝備什麼知識素養，從而能充分發揮個人潛能和提升競爭力？

事實上，我們很難預測2050年後的世界將會怎樣，尤其是當科技可模仿人體、大腦和思維。可以肯定的是，今天我們學到的許多硬知識和技能將在10年內變得過時或用不着。 教育必須改革以避免填鴨式和死記硬背的學習，而是要利用科技啟發學生作創新和明辨思考。近年香港政府和科技界加大力度推動創新科技，尤其是在人工智能（AI）、區塊鏈、雲端運算、大數據分析、延展/虛擬實境、5G和物聯網等科研與應用。過去幾年，特區政府已撥款超過1000億港元，以加強科技基礎設施、人才訓培和下游研發項目。創新科技被視為提升香港企業增值、社經發展和國際競爭力的新動力。

正所謂「有危必有機」。2020年新冠肺炎疫情雖具破壞性，但也製造了「創造性破壞」，帶來了創新和機會。例如遙距實時視像會議或教學科技已成為我們新生活的一部分，很多師生已為將來學習和溝通的數碼新趨勢裝備好自己。疫情也帶來了很多新的數碼商機和就業機會，創造了共享價值。

湛家揚博士的新著作《數碼力大提升》，從一般用戶與管理人角度，對數碼科技的原理與應用提供一個入門簡介，並闡述數碼轉型對社會及日常工作與生活的影響。

科技是一把雙刃劍

在互聯網、5G和大數據時代，我們每天的生活充斥著大量即時但未經過濾的數據，資訊超載與失實信息已成為很多人關注的問題。AI是指透過電腦程式來模仿人類思考行為的技術，其決策是根據編程和深度自學，將對人類的工作和生活產生巨大影響。

對於模式識別和其他運算任務，機器可比人類做得更好更快，這讓專業人員有空間從事其他更有價值的事情。AI技術可以為我們帶來生產力、便利、舒適和福祉，包括去除中介人和提供更個人化的體驗。科技給予青年人更平等的競爭環境，作為Z世代，你享有比以往更多的機會。

然而，科技是一把雙刃劍。AI除了會令許多工種和專業逐漸消失外，它還有一些隱憂，包括侵犯個人私隱、程式邏輯錯漏風險、更多社會不平等、更疏離的人際關係，以及其他道德和法律上的爭議。另外，透過大數據和機器學習，算法（algorithm）可以監控你每一步、每個呼吸和心跳，並在很多方面比你更了解自己。 如果我們過分依賴科技，以至於它在我們的生活中擁有過多的掌控，我們就會受制於科技。如果你不知道自己想要什麼，科技可輕易代替你設定目標並控制你的生活。已故英國科學家霍金曾警告，人類最大的威脅來自科技進步，尤其是AI。然而，人類不是要叫停科技進步，而是必須以人為本，認清和控制AI的風險，提升發揮其對人類社會的價值及福祉。

是什麼令人類與AI不同？

畢竟AI是人類發明的，其背後的運算程式是由人類設計，為人類服務的工具。AI難以完全取代人類的智慧、靈性、想像力、創造力、情緒感受、人文關懷、同理心、審美判斷和包容精神等。因此，「AI取代人類」或「AI超越人類」之說法很遙遠。在這個AI的新時代，最大的人力需求將會是能從事非常規、和不能被AI取代的工作，尤其是那些能以人文角度帶領AI使用的人才。

假如你樂於將所有決策權交給算法，那麼你不用做什麼。但是，如果你仍希望對你的存在和未來生活工作保留一點控制權，你需要比算法走得更快，並比它更早了解自己。想走得更快，你必須離開你的舒適地帶和擺開舊思維習慣。除要不斷持續學習及掌握數碼科技的基本認識外，你需要靈活、具適應力和反應敏捷地應對未知的未來。

裝備數碼力與5C素養

高等院校一直在加強數碼科技教學和研究，支撐科技人才儲備，但我們不需要每人都成為科技專才，他們只需對科技及其局限性有基本了解。除數碼科技能力，我認為院校有責任確保Z世代能裝備下列5項核心可轉移的素養（5Cs素質）：（1）明辨思維（Critical Thinking）；（2）創造力（Creativity）；（3）溝通與協作（Communication and Collaborations）；（4）人文關懷（Caring）及（5）貢獻社群（Community Engagement）。在推動科技發展時，我們不應偏離人性和缺乏人文視野和素質，更要重視使用者與客戶的需要。期望讀者們能學懂科技和把握機會，善用科技。

湛家揚博士推出這本以普及實用為主的參考書，有別於一般以科技人與理論為導向的專業書籍。本書的內容樸實而豐富，並且紮基於作者過往的實際經驗、觀察、真實案例、相關研究和調查等，以探討不同的數碼科技課題，令讀者較容易聯繫到他們工作與生活上的實際情境。作者盡量以深入淺出的文字和生動的寫作風格來闡述較複雜的科技議題與概念。

我相信管理者與大眾讀後必然獲益良多。我謹向所有對數碼科技有興趣或將參與創科生態圈的人士誠意推薦《數碼力大提升》一書。

蘇朝暉

澳門人才發展委員會前秘書長

關顧讀者的痛點

2019 年，湛博士應邀來澳為相關業界從業人員介紹金融科技為行業帶來的創新發展機遇，並分享了香港的寶貴經驗，我作為活動組織機構成員出席了該講座。儘管活動時間有限，但恰當的事例、豐富的實踐和精闢的分析，讓出席者恍若置身於金融科技的盛宴，給人留下了深刻的印象。因此，在收到湛博士新書《數碼力大提升》的初稿後，我急不及待看了一遍，並獲益良多。

能夠讓一位「門外漢」獲益，這絕非一件容易的事，這全賴湛博士卓越的梳理能力，把金融科技領域當中紛繁的案例、艱澀的概念、變化多端的趨勢，都整理得井井有條，並透過簡潔和顯淺的文字，有系統地向讀者呈現了創新科技的方方面面。

除了文字和內容鋪排外，事例的精準運用亦為該書增添了寶貴的價值。湛博士豐富的經驗和對行業狀況的細微觀察，讓他可以把抽象的概念和原理，融入一個個具體的真實例子當中，讀者自然會更容易明白箇中道理，且印象更深刻。此外，該書的延展性亦是其一大特色，透過書中所提供的資訊或網絡連結，有興趣的讀者可以輕易地找到更詳細和深入的資料。因此，相信無論是一般讀者，或是相關行業讀者，都會從該書中得益。

湛博士在書中經常強調要了解和針對客戶的痛點來尋找解決辦法，對讀者而言，該書亦貫徹了相關主張。

朱子昭

新城廣播有限公司財經台執行總監

找得贏家的鑰匙

認識湛家揚博士，始於他任職數碼港公眾使命總監的時代，那時因為新城財經台與數碼港迎合著 FinTech（金融科技）的發展趨勢，聯手合作一系列的創科節目《金融科技大本營》。這幾年湛博士的事業正是體驗著數碼轉型帶來的顛覆，為自己一次又一次帶來創新。而新城廣播有限公司，亦是走在變革前沿的創新媒體機構，以新城財經台為例，隨即踏入立台廿周年的歷程，發展態度亦像湛博士一樣，迎著市場變化勇於擔當先行者，先後創造了無數的藍海。

在創科帶來的新經濟格局，由企業運作到用人的新常態，我相信 2020 年一定是提速改變的元年。在疫情下加速發展的在線及雲端應用，以至用戶及消費者的主動與被動地改變，我們都一定需要迎合。要迎合轉變，從個人發展方向到制訂企業策略來說，在這數碼洪荒時代並沒有既定的金科玉律。要落實數碼化轉型，一路上要成功，你需要一枝盲公竹。

湛家揚博士的新作《數碼力大提升》，正是你的盲公竹！他將自己在業界修煉多年的精髓，從個人打工仔以至企業領導層面，在書中毫不保留又不扮高深地講你知，如何能夠踏實地徹底提升數碼力，令你可以在數碼時代中活下去。看完這書至少令你多添數碼正能量及啟發新思維，不怕被 AI 取代，反而有助取得更多時間，多做些為自己及企業提升附加值的工作。

想鳥瞰及了解創科生態圈，令自己增值，並由內至外配合環境產生協同效應？在數碼應用急速轉變的世界中，要找得贏家的鑰匙，你一定要看這書！

港澳台創科、工商及教育界人士推薦

（按姓氏筆劃排序）

因篇幅所限，未能盡錄所有推薦人的專文推薦。讀者可瀏覽網頁或掃描 QR Code（二維碼）閱讀以下港澳台創科、工商及教育界人士對本書的推薦。

任景信
資訊科技資深從業員，現於數碼港任職，曾服務於埃森哲、科聯、新意網等

何肇鏗
澳門博彩股份有限公司資訊科技總監

利德裕博士
香港設計中心行政總裁

冼超舜博士
麻省理工香港創新中心執行總裁

林志軍教授
澳門科技大學副校長

林家偉
澳門青年創業孵化中心行政總裁

林潔貽
太平紳士，香港貨品編碼協會總裁

林振輝
台灣《CIO IT 經理人》雜誌總編輯

周憲本
香港應用科技研究院行政總裁

陳志輝教授
銀紫荊星章，太平紳士，香港中文大學商學院市場學系專業應用教授

梁嘉麗
香港銀行學會行政總裁

黃克強
香港科技園公司行政總裁

鄭松岩博士
香港電腦學會副會長

劉寧榮教授
香港大學 SPACE 學院中國商業學院（ICB）暨企業研究院（SEA）創院院長

魏已倡
IBM 香港區總經理

顧向聖
德勤中國審計及鑑證合夥人、大中華 IT 審計及咨詢主管合夥人

自序

90 年初我在美國矽谷工作，因一次機遇回流香港。之後我曾在不同跨國及中港企業工作，也曾帶領團隊為香港數碼港培育來自30 多個國家的1200 多家初創精英，其中3 家（Klook、WeLab、GoGoX）已成為跨國獨角獸。

現時我的工作核心是結合初創及企業的優點，推動亞洲創科生態圈繼續擴展。我在數家初創企業擔任主席兼首席顧問，在策略、融資、客戶獲取和市場拓展方面培養企業家。同時我也在香港中文大學及香港大學SPACE中國商學院執教，也為政府機構、企業、大學、專業及商業學會、公益機構提供數碼化轉型的培訓及諮詢。更進一步的是，我撰寫了此書，分享自身的經驗和知識，希望幫助更多企業及個人能成功進行數碼化轉型。

為什麼寫這本書？

我為什麼會在今時今刻寫這本書？為「危機」一詞。這個詞語充滿智慧，有「危」亦有「機」。2020 年爆發的疫情，為每個人帶來很大影響，相當「危」，我自己也不例外，需要面對不少挑戰。

疫情之前，不少公司及個人雖然已經開始接受創科，但礙於業務繁重、缺乏知識及經驗，令步伐較慢。現時我們自願或被迫學習使用更多科技工具，開始習慣在工作、日常生活和溝通上運用科技，由「不懂、不想」，到進行雲端視像會議、辦公室營運、會計、人事等工作搬到網上、公司拓展及改善網上商店來售賣產品及服務、在網上平台採購防疫及日常用品……衝出舒適地帶，漸漸體會創科的好處。有一個好的起步

和基礎，大家開始使用科技，並從中受惠，這就是「機」。「危機感」襲來，但如果能好好把握此刻，作出改變，在疫情後就能轉化為機會。

但除了疫情，我們也正處於數碼經濟（Digital Economy）的時代。耳熟能詳的亞馬遜（Amazon）及阿里巴巴（Alibaba）……大大小小的創科企業已經在我們的身邊，滲透到各行各業及日常生活中，顛覆行業龍頭，替代很多企業、中小企，以至個人的工作，我們也開始懷疑自己能否在創科興起的世界中保持競爭力。

每個人都應
主動成為數碼人才

在疫情中，我們常常運用數碼工具，從中了解到其好處，是一個好的起步點，亦是「夢醒」，我們在日後的工作及生活中都應繼續使用數碼科技。除了抗「疫」，我們也要抗「逆」，在逆境中利用數碼科技扭轉乾坤，創造新天地，轉型成功，成為在數碼經濟中有競爭力，能持續發展的一員。

從經歷疫情帶來的危機，我們需要感受數碼時代帶來的危機感。能把握數碼科技的公司及個人，優勢愈強，拉開與其他競爭者的距離，高下立見。我們需要更主動地令自己成為數碼人才，了解如何運用數碼科技，以幫助提升公司的業務能力和營運效率，才能維持甚至提升自己的競爭力。

誰應該看這本書

我相信大小企業的老闆、管理層、專業人士、員工、初創、學生及年輕人，都能在本書找到啟發、正確方向及方法，實現企業及個人數碼化轉型，從而享受到數碼科技給予我們的價值。本書採用深入淺出的方式、圖表和多個本地及全球案例說明概念，無論讀者的數碼知識有多少，都能容易明白本書的內容。

在本書的不同章節，我會拆解未來10年的競爭格局和行業趨勢，令大家把握未來的職場的機遇。過去的職場能力如良好英語、溝通能力等仍然重要，但社會所需要的新知識和技能，我都會一一介紹。現時常說的雲科技、AI、大數據、FinTech、5G……究竟是什麼？我們應如何運用？如何從中發掘商機或發現潛在風險？學習到這些新興科技，能應用它們，才能提升自己的數碼力！

除了科技的硬知識外，我們發現很多人在轉型時，面對的挑戰是缺少新思考模式、不知道如何「致勝」，這對轉型的成敗起了關鍵的作用。致勝是一個多贏的思維，客戶導向和共創價值是核心，總結過去的成功及失敗經驗，有助你重新出發，快人一步贏得機會。

落實數碼化轉型，開始是困難的，但取得預期效果及回報是相當龐大。我希望以這本書，能令大家於現在和未來都能學好創科，令我們能裝備自己，把握好機會，在未來能發光發亮。

感恩與感謝

在我30多年的職涯中,我認識了不少良師益友,我從他們當中學懂了很多寶貴知識。今次能成功寫好這書,他們是功不可沒的。感謝他們在百忙之中閱讀本書並撰寫推薦,他們的分享內容充滿啟發及智慧,大家不可錯過。感謝幾個已認識很久的好友,他們一直以來不離不棄地支持我。當然還有天窗出版社團隊的專業意見及幫助,以及我們同事的努力,本書才能成功誕生。謝謝大家。

除了朋友,家人的支持也是十分重要。我非常感恩我有一個溫暖的家庭,父母、姐姐、兄長和太太多年來都很支持我的工作,多謝他們。特別感謝已離開我們的爸爸,他沒有機會接受很多教育,但一生努力工作,為家庭付出一切,有他的支持,我才能受到良好教育,才能成就今天的我,才有這本書。希望他在遙遠的地方,能看到這本書及以我為榮。父母及家人都很偉大,大家要好好珍惜及愛護他們。

顛覆還是被顛覆？

羅兵咸永道（PwC）的數據顯示，在未來10年，最少30%的現時工作職位會被人工智能（AI）取代。AI與其他數碼科技正顛覆我們的日常生活，市場需要創新，競爭格局已完全不同，我們也需要提升自己的數碼力面對這個變化。能夠提升數碼力的人和企業，將可以提高競爭力，以科技搶佔市場地位，甚至顛覆市場；低數碼力的人和企業則會失去優勢，趕不上市場變化，被其他競爭者顛覆。

未來10年，每個國家、特別是亞洲區的職場數碼能力需求，大數據及AI都排第一。現時AI已可做到會計和審計工作，更加準確、也沒有體力及情緒限制，大量會計和審計師有很大機會因AI而面臨失業。但以銷售工作為例，意外訪問（Cold call）的成功率普遍不高，但如銷售員能藉AI的數據和推測，為客戶提供個人化產品，客戶更滿意，可令銷售員的業績增加。因此，提升數碼力的關鍵之一，就是在於能否駕馭創新科技，並將之融入你的日常生活、工作、家庭，以至社會。

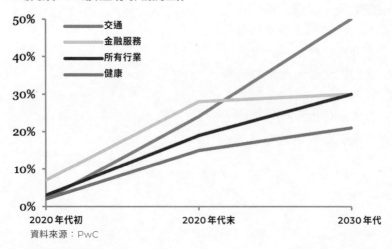

AI將取代30%或以上現時人類的工作

- 交通
- 金融服務
- 所有行業
- 健康

資料來源：PwC

WFH成新常態

「Work From Home 令我們衝出了對科技的 Comfort Zone，從開首的挫敗到成功，大家現在也知道自己能使用新科技產品，也感受到其方便之處，但這只是一個開始。」

鏡頭（Webcam）、打印機等硬件。這些從疫情獲得的嘗試和經驗，令我們衝出了舒適地帶（Comfort zone），從開首的挫敗到成功，讓大家知道自己能使用這些科技產品，也感受到其方便之處，這只是一個開始。

新冠肺炎疫情使社會遇到困境，但也有它的好處，在於我們 Work From Home（在家工作），使用科技的機會多了，大家變得主動、被動、或是被迫運用一些科技工具幫助工作和生活，將自己和科技之間拉近了一小步。

為了使會議得以繼續，我們使用了一些遠程視訊的工具，例如 Zoom、Teams、Webex 等。因為市面人流減少，我們使用一些網上電子商貿平台如 Shopify、Posify、Shopline 等售賣產品。遠程或雲端的會計軟件例如 Xero 和 QuickBook，協助我們處理會計和人事工作。除了軟件外，我們也因為在家工作，可能第一次購入或在家安裝路由器（Router）、視像用

被創科顛覆的傳統行業到處皆是

Blockbuster vs. Netflix

Blackberry vs. Apple

Myspace vs. Facebook

Kodak vs. Canon

Borders vs. Amazon

Marriott vs. Airbnb

Cabs vs. Uber

資料來源：Visual Capitalist

科技是把雙刃劍

回想在疫情前，相信大家或會認為自己不是從事資訊科技，或者不是學生，毋須了解太多科技的知識，也未必願意投資時間和金錢去探索這些科技。而過去大家可能也有一些對科技的誤解，又或遇上數據流失或者系統當機等事，所以比較挑剔科技所帶來的壞處。但科技往往是一把雙刃劍，只要用得恰當，這把劍會帶給我們相當大的優勢，但如果使用不當，當然也會出現問題。以下我會分享三個例子，引證如果科技能用得其所，我們會有所得益。

❶ 失業 vs 工作增值

人工智能（AI）會否取代人類？會計師的工作逐漸被AI取代，將來會計從業員可能面臨沒有工作的情況。但一些會計師或大規模的審計師行十分積極，不斷培訓員工去學習大數據，因為當AI能夠完成部分工作，你可以獲得更多時間做一些更有價值的工作，例如為你的客戶更深入地分析數據，從而幫助客戶管理風險，業務做得更好。同時，AI助你節省時間，可以擴展客源，比方說以前生意太忙，每月只能處理一定數量的客戶，現在可以開拓新客源，生意更多。

❷ 風險增加 vs 減少

大數據收集個人信息，私隱受損？但使用大數據也可以助我們減低風險。例如使用信用卡簽帳時，銀行會發短訊或電郵，甚至打電話詢問你：「你是否正在使用這張信用卡簽帳？如果不是，則可能有人盜用了你的信用卡。」為何銀行會知道信用卡被盜用？原因是銀行可以使用大數據分析卡主的消費習慣。比方說現在有人使用你的信用卡在法國的一家全球連鎖店購買一顆鑽石，但你在過去3至5年內從未買過鑽石、金器或首飾，也從來沒有在該連鎖店購物，也從未在法國購物，由此可得知他人盜用了你的信用卡，因為這與你過往的消費習慣不相符，銀行便可以提醒你、保障客戶和公司。

❸ 便利 vs 私隱外洩

第三把雙刃劍是關於電子錢包（eWallet），基於疫情，愈來愈多人接受和使用電子錢包，因為買東西時毋須付上「真金白銀」，減低人與人、人與物之間的接觸，除了快捷及方便外，保持清潔及衛生也是使用電子錢包的好處。但也有人認為使用手機付款，會讓他人得知你在哪裡購物和購買了什麼，擔心個人私隱外洩和數據安全，但從上述例子可得知，大數據亦有助減低風險。

數碼力即競爭力

┏ 我們應更好好裝備和運用數碼科技，不論是大企業、中小企甚至是個人都應提升數碼力，從而不被時代顛覆，甚至藉科技領先市場。 ┛

疫情給我們機會去嘗試科技和數碼化轉型，但病毒並不是驅使我們需要使用科技的唯一原因或威脅。世界已經轉向數碼化，數碼化並非單指使用以上提及的小工具，而是許多創新和科技將日漸顛覆營商、工作和生活。我們應更好好提高我們的數碼力，不論是大企業、中小企甚至是個人都應追求成功轉型，從而不被時代顛覆；更甚者是，數碼時代更帶來機會，我們可藉新科技在市場做得更好，從而挑戰甚至取代一些傳統行業的「大哥」。

解讀數碼經濟新競爭格局

> 數碼時代的對手往往不是我們在傳統產業鏈常遇見的，但其顛覆性比傳統競爭對手強大很多。

在工業革命期間，機械取代了人類。之後我們發展至信息時代，資訊系統幫助企業更有效運作，例如企業資源計劃系統（ERP）處理公司內部流程及數據，客戶關係管理系統（CRM）幫助企業處理與客戶之間的關係。今時今日的數碼時代（Digital Age）除了利用科技令效率提高外，創科公司更會將科技成為它們的武器，以顛覆性的商業模式挑戰傳統公司。

過去10年科網浪潮變遷　創科企業市值急速膨脹

微軟在遊戲界和雲計算的發展開始展現成果，成功繼續主導市場地位。

曾幾何時，諾基亞為一代手機龍頭，全球手機市佔率達41%

互聯網泡沫 1999
1. Microsoft $583B
2. GE $504B
3. CISCO $353B
4. EXXON $283B
5. Walmart $283B
6. intel $271B
7. NTT $262B
8. Lucent Technologies $252B
9. NOKIA $197B

科技巨企世代 2019
1. Microsoft $1,050B
2. amazon $943B
3. Apple $920B
4. Alphabet $778B
5. facebook $546B
6. BERKSHIRE HATHAWAY $507B
7. Alibaba.com 阿里巴巴 $435B
8. Tencent 騰訊 $431B
9. VISA $379B
10. Johnson&Johnson $376B

中國互聯網巨頭如騰訊和阿里巴巴股價颷升市值水漲船高。

資料來源：Visual Capitalist

創新＋創意
關鍵成功因素

當科技公司創出新商業模式後，客戶滿意，不再使用舊的商業模式及傳統企業所提供的服務和產品，市場從此顛覆。

說到數碼科技，是否只是鑽研科技、工程出身的人才能在數碼經濟中生存和成功？事實並不如此。科技是死的，人是活的，懂得結合科技的創新和人的創意，才是數碼時代中取得成功的最重要因素。

為什麼現時世界十大最高市值的公司，當中有七家都是創科公司？原因是這些公司能夠運用創科，創造好的商業模式，而好的商業模式則指能為客戶提供更多價值、能解決其客戶痛點、滿足其客戶需求，同時能幫助自身企業賺錢的方式。在數碼經濟競爭格局中，科技並不是最重要，最重要的是有創新的商業模式。

創科公司搶走主動權

這七家創科公司的厲害之處不只在科技領域取得成功，而在於能夠擊敗傳統行業的「大哥」、「二哥」。例如亞馬遜（Amazon）能夠擊敗傳統實體書店和百貨公司，這些公司一是直接結業，或是把產品放在Amazon的平台出售，它們的主動性、話語權因此減低。

另外一個例子是看電影、劇集時會用到的Netflix。Netflix會推薦你喜愛的節目，使你愈看愈多，其商業模式即是通過滿足客戶需求，從而賺得更多。Netflix同時也取代了許多傳統傳媒機構，例如美國三大傳統電視聯播網（NBC、CBS、ABC），它們已漸漸失去主動權，因為它們不知道客戶需要什麼，更遑論讓它們推薦電影給客戶。相反Netflix透過AI和大數據了解到每一位客戶的需要，能夠推送不同的娛樂節目給不同客戶，符合客戶的需求，同時亦能賺到更多。

又例如社交工具Facebook、Whatsapp、Instagram、微信(WeChat)、微博,它們也取代了傳統快遞公司例如聯邦快遞(FedEx)、DHL。傳統快遞公司過去擔任傳遞信件的工作,但現今傳訊方法對信件的重要性大大減低,對郵遞服務的需求也減少了。在未來更具顛覆性的科技就是3D打印。試想想將來3D打印更加成熟、每一個家庭都有一部3D打印機後,對整個物流業的影響會有多大。

中國的滴滴出行、新加坡的Grab、印尼的Gojek和美國的Uber,提供便利的、追溯性高、服務優良的出行服務。當我們愈來愈習慣使用這些應用程式後,愈來愈少人會去購買汽車,福特(Ford)、豐田(Toyota)、寶馬(BMW)、富豪(Volvo)等傳統汽車企業將受不同的影響。更重要的是當中運行的商業模式——共享經濟(Sharing Economy),當科技公司創新出新的商業模式後,使客戶滿意,不再使用舊的商業模式及傳統企業所提供的服務和產品,從而顛覆現有市場。

4類競爭對手

當我們有系統地去看數碼經濟時代競爭格局時，會發現4類新型競爭對手。這些對手往往不是我們在傳統產業鏈常遇見的，但其顛覆性比傳統競爭對手強大很多。

❶ 大型創科公司

第一類就是大型的創科公司，例如阿里巴巴、Amazon、騰訊、Facebook等。它們的平台壟斷全世界，它們的生態圈遍佈全球。

❷ 初創獨角獸

第二類則是初創企業，成功的初創企業、公司估值超過10億美元則被稱為獨角獸（Unicorn）。為何獨角獸的估值特別高？第一個原因是它們的影響力、客戶凝聚力和忠誠度非常高，有足夠的客戶和理解客戶的能力，從而增加其賺錢能力。第二個原因則是它們規模化（Scalability）的難度比傳統公司低，相比傳統公司需使用較多資本（廠房、機器）以進行規模化，投資愈多，規模愈大，生產量愈多，達至規模經濟（Economies of Scale），初創企業的成功能夠透過科技複製，成本較低且容易進入不同市場。

❸ 跨界挑戰的公司

第三類是一些跨界別的對手，現在這些公司的業務可能只是電商或超市，但它們可以跨界到其他行業進行挑戰。例如阿里巴巴，因為擁有大量數據，可以幫助它跨界挑戰不同行業如零售、物流、超市，甚至金融業的「大哥」，比方說它使用數據分析客戶在金融服務上的需求及痛點、從而開拓與金融相關的產品，至今已變成了一間全世界數一數二的金融科技公司——螞蟻金服。這類跨界的科技公司除了顛覆傳統行業外，亦會吞併傳統企業的地盤，或者將這些企業變成合作伙伴。

❹ 成功轉型的傳統企業

第四類則是不斷創新的公司，它們在行業已擁有一定地位，現時更能透過創新去打敗傳統甚至創科對手，更不會害怕上述三類的競爭者。如果我們不轉向數碼轉型，則沒有辦法加強自身能力應付這些競爭者。

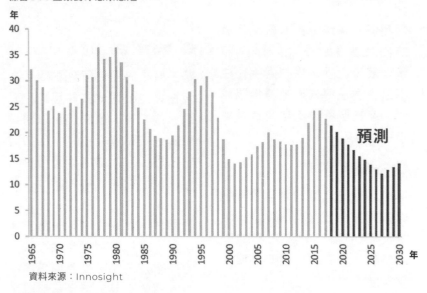

標普500企業壽命愈來愈短

年

資料來源：Innosight

企業壽命愈來愈短

┏許多大公司雖然擁有經驗和核心競爭力，但也抵擋不了數碼科技的挑戰，更遑論中小企業。┛

雖然公司能夠提高自己的數碼力面對競爭者的挑戰，但也抵擋不了數碼科技的挑戰，因為創科企業的興起將加速縮短了傳統企業的壽命，而這個數字只會愈來愈低。根據策略諮詢公司Innosight的分析，在1980年，標準普爾500的企業的平均壽命是35年，但到2030年平均壽命大約為13年。

中小企業的生命亦會愈來愈短，因為初創企業能夠以較低的成本產生新的商業模式，特別是現時年輕人的市場，對科技和創新的接受能力程度較高，這令中小企感到被顛覆的壓力。

可口可樂
如何提高數碼力？

▼即使可口可樂或其他飲品公司進行鋪天蓋地的廣告宣傳，客戶也只會愈來愈相信創新平台的推薦，最後所有飲品公司都會變成被動的角色。◢

以傳統飲品公司可口可樂為例，其競爭優勢就是可口可樂的秘方，沒人能複製可口可樂的味道。但在數碼時代，可口可樂的對手並非只是飲品業的其他公司，而是創新公司；創新公司用大數據製作一個個非常了解客戶喜好的平台，從而推薦不同飲品。即使可口可樂或其他飲品公司進行鋪天蓋地的廣告宣傳，客戶也只會愈來愈相信平台的推薦，最後所有飲品公司都會變成被動的角色。

競爭者來勢洶洶，可口可樂該如何是好？比方說可口可樂無法知道自動售賣機客戶的需求，一部自動售賣機有4排共50個位置，一般只是將50個空位平均擺放售賣可口可樂Zero、雪碧、芬達和飛雪（Bonaqua）。但每種飲品的需求實際不一，我們很常發現，有部分飲品經常「亮起紅燈」，未及補貨便已售罄。我們可能立刻去其他地方買喜歡的飲品，或者因時間趕急就勉強購買其他飲品。這時可口可樂需要新科技，例如利用iPad拍攝自動售賣機，便立即得知售賣機還剩下0罐Zero、8罐雪碧、10罐芬達和5瓶飛雪。可口可樂還可以在哪一方面運用科技，解決客戶痛點，提升客戶體驗？

內部數據	外部數據
各自動售賣機的銷售數據	各地經濟數據
各自動售賣機的即時庫存數據	社交平台的討論數據
每項產品的銷售數據	球賽日期的數據
各地客人的付款方法	GPS 的數據

○ 知道哪些地方的銷量比較好，決定擺放自動售賣機的最佳位置

○ 知道自動售賣機的庫存，完善補貨流程

○ 知道客人的喜好，研發新飲品口味

客戶能買到想喝的飲品，也能以自己喜歡的付款方法付費，體驗更佳，對可口可樂更滿意！

AI學習數據
預測產品需求

▌AI會不斷通過學習數據建立模型，推測究竟哪些產品的需求較高。◢

試想一下，若這部自動售賣機是可口可樂的，其管理層會有什麼反應？可口可樂進一步運用AI解決這痛點。

用App拍照之後，服務員馬上利用AI計算一個推薦，在50個空位中應該擺放多少罐Zero、雪碧、芬達和飛雪，從而令日後有較大機會把飲品全數出售。原來AI會不斷通過學習數據建立模型，推測究竟哪些產品的需求較高。

除了企業內部的數據，AI還可在不同來源取得數據，如社交網站上的討論、政府及不同行業釋放出來的公開數據（Open Data）、物聯網（IoT）收集的數據、全球定位系統（GPS）的數據等。AI採用及整合天氣、交通、球賽日期等數據後，便會推薦從業員，明天應該在自動售賣機擺放什麼飲品和數量，使飲品全數出售的機會提高。

這個例子說明了傳統企業要在數碼時代下取得成功，需要運用科技，使客戶更加滿意，增加其信心和忠誠度，公司也可因為把所有貨品售完而賺取更多利潤。即使創新公司使用平台推銷年輕人購買其他品牌的飲品，因為可口可樂仍能滿足客戶，客戶仍然繼續購買可口可樂的產品。

為自己
創造競爭力

▌沒法提升數碼力的人和企業將會被時代淘汰。打開本書的你，將了解數碼經濟時代的營商玩法，推動你更快進行數碼轉型，在新時代搶一席位。◢

本章解構了數碼時代的經濟面貌，個人應該及早裝備和學習數碼科技，以科技為自己增值；而企業則面對來自各界的競爭者，它們對科技的認知甚高，並創造新的商業模式搶去客戶，沒法把握創新科技的人和企業將會被時代淘汰。打開本書的你，將了解數碼經濟時代的營商玩法，推動你更快進行數碼轉型，在新時代搶一席位。

第1章

3步提升

基礎數碼力

猶如打功夫，我們需要先練好內功；要提升數碼力，則要先打好數碼素養（Digital Literacy）的基本功。在過去20、30年前，要在商業社會獲得成功，需要有良好的智商（IQ）、情商（EQ）、逆商（AQ）、或其他多種類的商數（nQ）和優秀的語文能力。但在數碼經濟上，只具備這些商數及能力並不足夠。想要在數碼時代獲得成功，需要用一個方程式去思考：

成功＝

數碼素養 × （IQ+EQ+AQ+nQ）

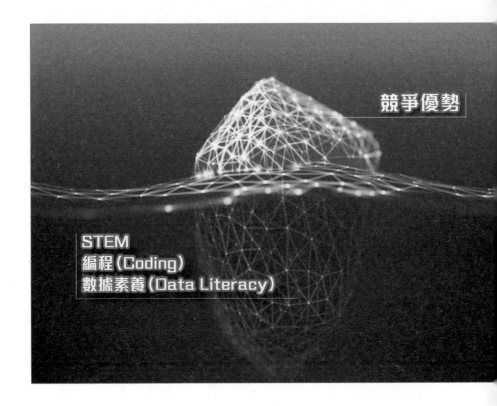

我再嘗試以冰山理論解釋,你的競爭優勢(IQ、EQ、AQ、nQ)只屬冰山一角,潛藏在水面下更大的山體——數碼素養(STEM、編程、數據素養),才是支撐你的成功所在。除了涉及科學、理工的硬知識,也包括團體溝通、表達能力等軟技能(Soft skills),正正是數碼力的基礎。

可能你還在覺得IT及技術人員才需要學習數碼素養,答案當然是否。現在,我們學習數碼素養,是要去理解科技如何運作,以及如何令科技為你工作。因為今日我們還在討論人工智能(AI),明天可能已在談論別的新興科技。如果不學習數碼素養,我們便很難追上新科技、其運用的方法,以及其長處短處。數碼素養愈高,邏輯能力、批判性思考、創新能力和解決問題的能力也會愈高。

1.1

學STEM：
邏輯和解難能力

STEM可以使我們更靈活學習新科技及其應用的方法。STEM的好處，例如解決問題的能力、創新、批判性思考、團體合作、溝通甚至是表達能力，是每個人才都需要的技能。

STEM一詞本解作植物的根和莖。如果植物的根和莖愈扎實，植物便會生長得愈好。在數碼素養上，STEM這個詞相當具創意，每一個字母代表著不同的意思，S代表科學（Science）、T代表科技（Technology）、E代表工程（Engineering）、M代表數學（Mathematics），而所有字母集合起來便有根和莖、基礎和數碼素養的意思。

STEM的4項元素並不是單獨存在，需要整合學習。STEM其中一個很典型的訓練是要求學生製作一個機械人去踢足球。要成功製作一個機械人，當中需要整合很多能力，學生需要擁有科學（S）的頭腦：除了要了解問題、制訂及測試假設、解答問題外、也要思考方法令機械人把足球踢得準繩。在科技（T）上要懂得編寫程式及AI技術如人臉識別，工程（E）上也要懂得設計、利用硬件組裝一個機械人等。數學（M）上要計算、分析及預測對手的招數，這可使用大數據分析。

由S、T、E、M學到的知識完全可以應用在製作機械人上，而當中的應用並不刻板，除了可以整合STEM四種元素之外，更可以提升解難能力、改變現有思考方式、批判分析、提出創新的辦法、提升團體合作甚至溝通能力等。從小開始訓練STEM，可使學生將來投身職場時把創新元素帶進公司，亦可以融合新的思路至公司的創新服務。

現在大型企業如微軟（Microsoft）透過Technology Literacy（科技素養）計劃，蘋果（Apple）、谷歌（Google）、特斯拉（Tesla）則通過獎學金、比賽甚至是科技資助等模式，協助中小學發展STEM教育，讓新一代早一些與創科接軌。在2017年，超過1000名在香港的中小學生同場實時與AI下中國象棋，創造了一個世界紀錄，就是一個好例子。但對於已經投身職場的成人、STEM對不同專業領域的創業者和員工又有沒有用處呢？

超過1000名中小學生參與在香港舉辦的「A.I.對弈千人匯」。

資料來源：OGCIO.gov.hk

STEM≈MBA

當新一代的員工已經從小學習STEM，企業想提高自己的數碼力，當然希望員工在STEM已有良好的根基，因此成年人也不能落後，應該主動學習相關技能，才能與年輕人擁有相同的數碼基礎。

成年人可能會對現時中小學生使用的 STEM 教育工具無從入手。不過現時許多銀行、大型零售商安排員工培訓時，不只要求他們做項目或讀工商管理碩士（MBA）、行政人員工商管理碩士（EMBA），還會要求員工進行STEM的訓練，公司員工真的需要學習組裝機械人。

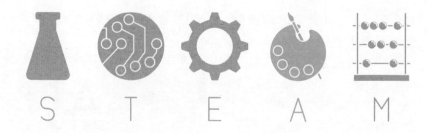

STEM 的體驗、經歷、訓練，使員工更加靈活學習新科技及其應用的方法；STEM 的好處，例如解決問題的能力、創新、批判性思考、團體合作、溝通甚至是表達能力，是每個數碼經濟人才都必須具備。

STEAM：人文 × 科技

從 STEM 拓展成 STEAM，當中加入了一個字母 A，A 不只代表藝術（Art），而是指博雅（Liberal Arts），包含了人文學科與社會科學。Liberal Arts 是以人為本，探求「需求」。STEM 強調科技、數學和硬件，訓練創新、解決問題的能力等。但每個人都擁有左腦和右腦，左腦主管數理和邏輯思維，右腦則掌管情感和創意，STEM 似乎忽略了人文關懷。STEM 增加創新和創意，變成 STEAM，即蒸汽，會使 STEM 更加有動力。設計思維（Design Thinking）對創科有

莫大的幫助，令我們更能夠切合和解決客戶的問題，從而出現多贏的局面。

過去較多男生較有興趣學習 STEM，但數碼經濟不重性別，只重 STEM 能力，不論男女都應該學習 STEM，事實上，近年不少女性成為出色初創及風投公司的始創人或合伙人。整體社會需要更多元背景的人才從事 STEM 工作，發揮多樣性，帶來更多整合效益。

學習 STEM，不是要讓大家成為科學家，而是要提高自己的科技和數理能力，因為擁有足夠的科技能力，才能掌握新興科技的概念和應用。此外，擁有邏輯思維、協作和解難能力，才能有創新思維應對數碼時代的挑戰。

1.2

學寫 Code：
對新科技的判斷力

如果你不是IT人，卻也能夠編程，你的能力將超出你的對手。因為你能判斷不同的應用程式和科技產品對公司的業務有多大價值，從而能善用它取得競爭優勢。

我們每天使用的，不論是手機上的電子錢包、應用程式（Apps）、網站上不同的應用，還是實時交通訊息，全都是程式（Programme），問題是我們對這些Programme有多了解。我們能將程式的效用發揮得最好嗎？到底哪個程式的質素較佳？這個程式適不適合公司使用，是否有利投資回報？使用這個程式時，有什麼潛在風險？這些答案全部都是數碼人才必須回答的問題，例如從事市場推廣的你，一個CRM交到你手上，若你懂得編碼和編程，將具備分析能力，能理解這個系統的長處和短處，也擁有創新能力，可以與IT部門溝通，合作改良程式。

程式語言
助人類與電腦溝通

學習 Coding 就是教授電腦和硬件去執行指令，使電腦能在日常工作及生活上、甚至在複雜的事情上幫助人類。其實電腦不明白人類的語言，電腦只認識 0 和 1 這兩個數字。我們希望電腦完成我們想做的事，但我們不諳 0 和 1，正如不懂法文的香港人很難拜託法國人去做事。但我們可以使用翻譯軟件，擔當法國人和香港人的中間人，而電腦和人類的中間人就是程式語言（Programming Language）。人類學習程式語言後，便可以運用程式語言編寫指令，例如 A+B=C、if 和 else。而由於這些指令是程式語言，A+B=C 便會轉化為 0 和 1 不同的組合，令到電腦明白指令。

選擇適合你的程式語言

可幸的是，現在程式語言愈來愈容易學習，慢慢上手後便可以寫出不同的程式，例如電腦或手機內的應用，甚至複雜到一些銀行或物流方面的應用

不同程式語言的用處

	程式語言		用途和好處
多功能程式語言	java		可以寫基本應用，是初學者的入門首選
	python		
專門程式語言	C或C++		講究高運行效率的應用，例如同時處理多項不同交易
	Swift		Apple 創製的程式語言，專為製作iOS 與 Mac 應用而設
	C		寫遊戲程式
	R		處理大數據分析的最佳程式語言

等等。大家可能聽過 java 和 python，都是現在流行的程式語言。現在全世界約有10至20種普遍的程式語言，有些是多功能的，即是寫什麼程式都能用，另外也有專門的程式語言，可以用更簡短的句子就能寫出程式，效率更高。比如你需要在交易所內處理多項不同的交易，那你需要一個效能很快的應用，你就需要C或C++的程式語言；若你想寫可以在iPhone和MacBook上使用的應用，那你需要Swift了；若你是寫遊戲的，可能會用上C#；玩大數據的你，編碼內需要不同的分析，就需要用R之類的程式語言。其實，學習程式語言最重要是學習電腦如何思考，只要了解其邏輯，所有程式語言的差別就只在於文法（syntax）。

參考免費開源庫
毋須從零開始砌 Code

⬛只要你了解和明白編程語言的話，就會看得通開源數據庫的所有「書籍」。你可以使用和改良這些 Code，以符合自己的需求。⬛

Github
https://github.com/

Google Code
https://opensource.google/

Apache Software Foundation
https://www.apache.org/

學習程式語言後，比如我想製作一個網店，但當中涉及上貨、下架、付費、會員功能等互動，但其實我們毋須從零開始寫一個程式出來。我們可以在雲端的開源數據庫（Open Source Repositories），如 GitHub、Google Code、Apache Software Foundation 等參考前人所寫的程式。

開源數據庫就像一個免費的圖書館，裡面已有用不同編程語言寫好的板塊。你可以在開源數據庫「借書」，直接下載來使用或自行改良。只要你了解和明白編程語言的話，就能看得通開源數據庫的所有「書籍」。這是一個製作程式過程的全球協作，只要你把完成的工作放上雲端，其他人可以使用和改良它，最後產生一個共創的效果。由於程式都是開源碼，其透明度及安全性都比傳統程式高。

科技無法完全取代
人類判斷力

我又不是做IT的，編程和程式
設計與我有什麼關係呢？如果
你不是IT人，卻能夠了解編
程和編碼，這將大大增強你的
競爭力，因為你能判斷不同的
應用程式和科技產品對你的業
務及營運有多大價值，從而能
善用它取得競爭優勢，更甚者
是，如果你有興趣，也可以自
行嘗試編寫程式。

學習編程和程式設計並非培養
程式員，當我們了解每一個程
式語言製作出來的應用是什
麼、其用途、長處和短處，我
們就能更準確使用合適的科技
產品，這種對科技的判斷力，
是未來最需要的能力之一。

在數碼經濟時代，如果個人跟
不上數碼轉型，生存機會和空
間便會愈來愈小，企業與用好
數碼科技的公司的距離便愈來
愈遠，更不要說要賺多一點或
進軍新市場。在編程上，我們
可說是「全民皆兵」，通過學
習編程，可以培訓邏輯思考能
力，解決問題能力也會躍進。
但當然，最重要的還是在新科
技來臨時，我們有能力去看到
這些應用是好還是不好，是否
適合公司。而這種對新科技的
判斷力，並不是AI能取代的。

學看 Data：
數據解讀與表達力

企業前線及後勤員工，以至管理層及專業人員，對數據有良好的敏感度，懂得解讀和表達數據，才能在數碼時代互相溝通。

數碼力的最後一個基礎就是對數據敏感，在數碼經濟時代，數據是土壤（Soil），也是能源（Oil），令整個經濟發光發亮。沒有數據，就等於一個國家沒有優質的土壤、一個社會沒有能發動汽車的能源，生產力和競爭力將停滯不前。因此我們要培養自己的數據素養（Data Literacy），成為公民數據師（Citizen Data Scientist）。

成為公民數據師

公民數據師毋須對專業、數據統計及收集方法方面有深入知識，但需要對數據有良好的敏感度。

所謂數據素養，是指個人能否把握以下能力：

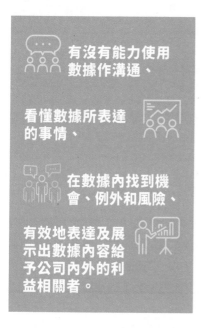

有沒有能力使用數據作溝通、

看懂數據所表達的事情、

在數據內找到機會、例外和風險、

有效地表達及展示出數據內容給予公司內外的利益相關者。

由於數據科學家對其他範疇如對行業的認知、溝通能力、對市場的敏感度或較不足，公民數據師可與數據科學家互相補完。例如企業的數據科學家分析數據後，建議公司下個月集中在某一產品線、在某一地區發售，以獲得更多商機。如我們對數據不敏銳、數據素養不高，可能會憑自己的直覺、沒批判性地就接受或拒絕數據科學家的建議，倘最後的銷售不佳，需要對此負責的卻是自己。

> 公民數據師毋須對專業、數據統計及收集方法方面有非常深入的知識，但需要對數據有良好的敏感度，才能與數據科學家相輔相成。

若我們成為公民數據師，擁有數據素養，情況將不同。第一、我們可以與數據科學家溝通和合作，了解他們如何得出分析、用什麼算法（Algorithm）、數據從何得來等。數據科學家未必擁有你在行業內的經驗，所以在尋找數據源時，有機會未能找到最有關係的數據，這時你可以建議更正數據源，避免使用錯誤的數據分析。

第二、如果你自己有能力得到一些大數據，不止是展示普通的Excel圖表，更可以運用非結構數據，如電郵、相片、影片、錄音等，作自行分析，更可把數據以視覺化（Visualization）作研究及分析，亦可用數據作不同測試，來分析想法是否正確。如果公司各人都擁有高的數據素養，公司整體競爭力就會大大提高。

創科公司能成功的秘密武器就是數據。使用數據，不只是用作分析過去發生的事情，而是要預測將來，明白客戶的需求，找到未來的商機和危機，從而在減低風險的情況下，作出相應的調整、甚至創造新的商業模式。

現時七大全球市值最高的創科公司中，電商平台阿里巴巴本身沒有產品、出租住宿平台Airbnb沒持有房地產物業、社交媒體平台Facebook沒有製作自家內容、串流媒體平台Netflix沒有營運戲院，這些創科公司以輕資產（Light asset）的商業模式擊敗傳統企業。更甚者是，阿里巴巴成為電商「一哥」，是從數據起航，跨界到金融行業，發展出螞蟻金服、支付寶、芝麻信用的商業模式。

擁有數據素養，就能創造新的商業模式，更有機會擊敗行業上的傳統龍頭。這種商業模式在數碼經濟中十分重要。

這些企業得以成功，不只因為有精於數據分析的數據科學家（Data Scientist），而是企業「全民皆兵」，包括前線及後勤員工，以至管理層及專業人員，都擁有高數據素養，成為公民數據師（Citizen Data Scientist）。

與數碼同事合作

「人機合作將是未來的大趨勢，如果我們能夠提高數據素養，就可以與數碼同事溝通得更好。」

30%的現時工作將會被AI替代，剩下的70%就可以安然無恙嗎？事實並非如此。大家很大機會要與數碼同事（Digital Colleague）一起工作、即AI或者以AI運作的機械人，它們有機會成為你的同事、下屬，甚至是上司。人機合作將是未來的大趨勢，如果我們能夠提高數據素養，就可以與數碼同事溝通得更好。根據領英（LinkedIn）於2017年的分析，每個國家、特別是亞洲區的未來10年數碼能力需求，大數據及AI都居首位。

如果公司每個員工都有一定的
數據素養能力,公司的持續競
爭力都會大為提高,數碼轉型
成功的機會也會大大提升。數
據素養不只是科技人才需要,
而是所有人,不同層次的員
工、管理層、專業人士,每一
個人都需要提高的。

第 2 章

5

個必修的
數碼科技

有了 STEM、編程和數據素養
的基礎，我將會進一步為大家
講解一下不同的創新科技。相
信大家都曾聽過雲端、AI、
大數據、金融科技、區塊鏈、
VR、AR、5G、IoT、API，
但它們又是什麼呢？我們如何
選擇這些科技，如何利用它們
創造新產品、服務及商業模式
呢？這章將會逐一探討。

選擇
適合你的「雲」

雲科技使用租（On Demand）的概念，即是按需求及實際使用量付費（Pay as You Go）、用者自付。如果你在1個月只使用3天的雲服務，那你只須付3天的費用，這類型的彈性收費會使成本大大減低。

相信大家都會將照片及資料上傳至Google Drive或iCloud，一方面可以確保不會遺失資料，另一方面可以隨時隨地取回資料，這正正是雲端科技的好處。在公司角度來說，雲端科技可以說是低成本，助企業高效提升數碼力的必需品。

當然，雲並不只有Google和iCloud的選擇。在本章我會為大家介紹3種雲模式：公有雲、混合雲、私有雲；3種雲服務：IaaS、PaaS和SaaS； 和4個主要雲供應商，讓大家選擇最適合自己的雲端科技。

那麼雲到底在哪裡？其實雲端運算（Cloud Computing）就是我們透過網絡，運用在遠程數據中心的硬件及運算能力。例如我們在Facebook發文和發圖、在Zoom上課學習，其實就是通過網絡使用了數據中心的資源，資料會存放在某個地方的某個數據中心，抑或是分散存放在不同地方的數據中心。未來我們將使用愈來愈多科技，例如傳遞和分析大數據、使用AI分析軟件，都需要用到大量運算能力，使用雲就能讓我們以較低成本享受數碼科技的效益。

雲的5個好處

過去我們看到一些大規模的公司才有能力進軍數碼化，但現在中小企和個人也可以通過雲的幫助，進行數碼化轉型。

❶ 備份

我們會使用USB 等外置硬件存儲資料，但成本高昂，有了雲，我們可以把將資料儲存在雲端，當發生火警、地震、遺失電話等情況時，也不會遺失資料。

❷ 安全性

雲服務公司有專業團隊去保障客戶的數據、硬件和軟件的安全性。當硬件和軟件需要更新時，你毋須花額外時間和資源去更新和處理錯誤（Bugs），能分享當中的成本效益。

❸ 流動性

當你把數據、硬件和軟件全都儲存在雲，若你從A辦公室到B辦公室工作時，毋須帶上任何設備，你只需要使用B辦公室的電腦便可登陸雲端閱覽所有資料。當你到海外公幹、甚至在家工作，只要有快速且安全的網絡，都可以靠著雲端照常營業（business as usual）。

❹ 降低成本

雲服務採用用者自付、按使用量收費的模式。例如你的公司起初只有10個員工，數據不多，對電腦運算能力的要求並不高，所以會自行購置硬件、軟件。但當公司規模愈來愈大時，對硬件和軟件的要求也會相應提高。雲能夠讓我們使用數據中心內較全面的硬件和軟件，而由於數據中心的資源是由不同的公司共同使用，每一間公司需要支付的費用則會大大降低，但能夠使用到的數據儲存能力、電腦運算能力、硬件及軟件的質素都有所提高。

❺ 提高團隊的職效

如果我們已經準備好,員工毋須在同一個辦公室也能一起工作,工作可更靈活,有助提高公司的效率。此外,遠程開會軟件如Zoom也是通過雲的應用,助團隊各人在不同地方都可以分享簡報和數據。

3個雲模式: 公有、私有、混合

公有雲的彈性高、私有雲的安全性較大、混合雲則兼具兩者優劣,公司可彈性採用,找到最適合自己的方案。

公有雲、私有雲和混合雲可方便公司找到最適合的應用、數據處理的方案。

❶ 公有雲(Public Cloud)

一個公有雲內包含了很多數據中心,存放了不同人和公司的數據。你不知道你的資料存放在哪裡,也看不到其他人儲存的東西,但不論你身在何方都能取得自己的資料。但要留意的是,公有雲的控制權在於雲供應商,企業無法主動控制,而且資料的安全和保密性也較低。

❷ 私有雲(Private Cloud)

私有雲就是建立獨有的雲端系統,公司可以把所有的硬件及軟件放在一個雲內供所有員工使用,並適當授權公司內部員工才可使用。

可選擇的3種雲模式

	公有雲	混合雲	私有雲
登入模式	互聯網	互聯網和內聯網	內聯網
資料保障	有遺失資料的風險	資料在不同雲之間移動,有被入侵的風險	容易追蹤和保障資料
收費	最低	合理	最高
適合企業	中小企業	有IT部門可以管理私有雲	需要存放較多敏感資料的公司

❸ 混合雲 (Hybrid Cloud)

混合雲即是合併公有雲和私有雲。現在很多大型企業都會運用混合雲，企業可以把一些敏感、機密的資料放在私有雲，只供內部使用，一些毋須較高安全性的資料則放在公有雲，這會增加成本效益。例如公司可以把客戶資料放在私有雲上，將某一段時間需要較強數據處理能力的推廣宣傳活動（例如發布後的第一天有1000萬人查看活動詳情）放在公有雲，因為私有雲內的硬件和軟件或容不下突如其來的大量數據，而公有雲的延伸能力則遠超私有雲。

3種雲服務：
IaaS、PaaS、SaaS

> ▌把雲計算服務模塊化可以減低客戶的整體成本，因為客戶可以按自己的需求而去購買相關雲計算的服務。▌

有如不同馬力的汽車，科技的硬件和軟件也有分為不同種類和級數，全都可以按需求或按用量的方式收費，稱為模塊化（Modularization）。每人都可以按照自己的需求購買相關服務。

雲計算的3個服務模式

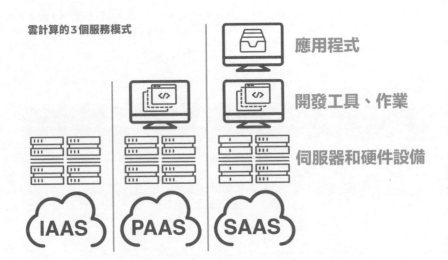

應用程式

開發工具、作業

伺服器和硬件設備

IAAS　PAAS　SAAS

❶ 基礎架構即服務 (IaaS, Infrastructure as a Service)

IaaS包含硬件和網絡儲存硬件的服務。公司毋須再購買硬件、伺服器、網絡和儲存能力。

❷ 平台即服務 (PaaS, Platform as a Service)

PaaS不單包含硬件的服務，更包含一些基本的系統，例如編程系統、研發工具、開發軟件、數據庫等。客戶可以自行在平台開發app應用。

❸ 軟件即服務 (SaaS, Software as a Service)

很多軟件商正朝著SaaS發展，以微軟為例，大家日常使用Microsoft Office進行文書處理，過去大多以買斷或授權（License）形式，成本較高。現時微軟推出Microsoft 365，在雲端可以使用文書軟件，資料也可選擇儲存在其雲端上，對硬件的要求也較低。又例如Google Analytics，它是一個分析軟件，無論以電話或電腦登入雲端，都能使用服務。

4個主要雲供應商

現時市場佔有率最高的4間供應商分別是亞馬遜的Amazon Web Services（AWS）、Google的Cloud Platform（GCP）、微軟的Azure和阿里巴巴的阿里雲（Alibaba Cloud），一般供應商提供IaaS、PaaS和SaaS的服務，而4間供應商有各自的強項。

AWS是最全面的雲計算服務供應商，規模大且產品最多，它的服務模式有200多種，而且定價具彈性，客戶可按容量和需求選擇，成本也能大大降低。此外，AWS的可用性（Availability）亦是市場上領先的，如某一個數據中心突然當機或發生意外，另的數據中心便會立即頂替，其在線的時間（Up Time）達到99.99%，意思即是基本上只要你能連上網絡，不會拿不到雲端上存放的資料。

Azure是大型企業和使用大量微軟軟件的企業常見的選擇，因為Azure亦提供Office 365、Active Directory、Dynamics等SaaS服務。Azure主打混合雲，客戶可以保留部分資料在內部系統，也可以享受雲的好處。

主要雲供應商的市佔比較

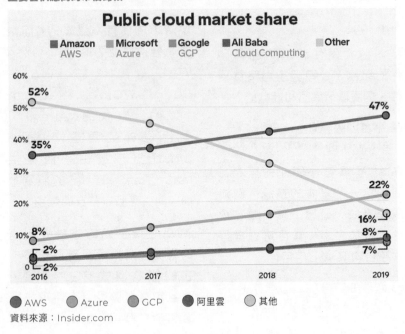

Public cloud market share

■ Amazon　■ Microsoft　■ Google　■ Ali Baba　■ Other
AWS　　　 Azure　　　 GCP　　　 Cloud Computing

● AWS　● Azure　● GCP　● 阿里雲　● 其他

資料來源：Insider.com

GCP雖然較遲進軍雲端服務市場，但因為Google的核心競爭力是AI，所以GCP提供許多雲服務給AI和機器學習（Machine Learning）應用，在深度學習和數據分析方面有著明顯優勢。

阿里雲成立於2009年9月，不少內地的中小企會使用阿里雲，進行了不少測試，在東南亞亦擁有龐大市場潛力。

最後，在比較不同的雲供應商時，應考慮以下條件：

1. 自己的需求和發展計劃；

2. 供應商的不同服務內容和效能；

3. 供應商的彈性收費計劃；

4. 保安和私隱政策，保障資料不被攻擊和盜取。

AI、大數據
輔助決策

AI 是根據數據來學習，算法和大數據使AI更聰明，未來AI 的推測就會愈來愈準繩，找出NBA（Next Best Action，最佳的下一個動作），但AI和大數據只是輔助，最終是否採納分析，還是需要人類的判斷力。

AI可能對很多人來說都是只在科幻片中出現的東西，如湯告魯斯主演的《未來報告》（*Minority Report*）中，飾演未來警察的他可以用AI 來估計將來發生的命案。大家或許會覺得這只是電影導演的創意，但其實這些科幻片的橋段，大部分已經成為事實，或於不久的將來實現。AI 和其背後的科技是什麼？ AI 除了讓日常工作或生活更方便，加上大數據和算法（Algorithm）成為分析工具後，更可以協助我們處理業務上的決策和判斷。到底AI如何協助我們解決問題及把握機會？我會在這一節與大家探討。

簡單來說，AI 正正是整合多種類的大數據，再用算法找出在不同情況下，事與事及事與人的關聯性（Correlation），然後再推測事情發生的機率。

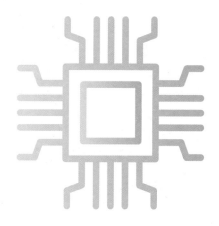

AI在日常生活的應用

Alexa, Siri and Cortana	Google Maps
AI透過聲音辨識，學習並模仿人類互動	AI分析逾億部電話的位置資料，分析出最快的交通路線
Uber	**Facebook**
AI透過機器學習，分析出車輛預計到達時間和行車時間等資料	AI透過圖像辨認，在你發圖時自動在圖片內tag（標記）你的家人和朋友
Gmail	**Spotify**
透過學習文字，AI為符合篩選條件的來郵提供3種自動回覆	AI根據你的喜好，推薦適合你的歌曲

或許你會覺得，我的日常生活中只是用簡單的電腦和手機應用程式，AI這麼深奧，我怎會用得著呢？其實你在網上搜尋列輸入一個字後，網站會自動出現一系列建議結果，這已是AI科技。例如，當你想看某部電影但不記得電影全名時，可以輸入「童話」，搜尋列可能就會顯示《秋天的童話》。這個搜尋結果是如何出現呢？搜尋網站的AI經過學習數據，例如香港人喜歡看《秋天的童話》、中年人喜歡看《秋天的童話》、某個百分比搜尋「童話」的人其實是搜尋《秋天的童話》等，也會按最近使用者的搜尋數字、甚至在社交平台上載的相片估計，最後得出《秋天的童話》的建議結果。

又例如大部分人現時都棄用實體字典而改用線上字典，例如要翻譯「Cat」這個單字，有多於一個中文解釋，包括貓、目錄、項目，而我們需要按照文章的前文後理，才會知道Cat的正確解釋，人腦可以判斷，但電腦為何也能翻譯得愈來愈流暢呢？因為AI不斷學習了前文後理和字詞的意思。當文章是關於寵物，AI會知道Cat

解作貓;當文章關於分配、分組,AI就知道Cat是Category的縮寫,解作目錄。

AI的五感感測

人類以五感(觸覺、嗅覺、味覺、聽覺、視覺)收集數據,再交由腦部處理。AI的五感技術亦不斷進步,以接近人類的五感能力,現時AI可以模仿人類的感知來收集和消化不同種類的數據。例如機場設有人臉識別裝置,機械人看到影像後,能夠分析她是人類、她是女生、她大約30歲、她正在笑等。又例如AI機械人設有感應器,量度物件的溫度,雖然100度的熱水不會對機械人造成傷害,但當需要機械人模仿人類時,機械人也懂得彈開。

機器學習 vs 程式編碼

機器學習比人類編程的速度更快,能夠處理的情況亦更多,電腦不斷在大量數據中測試、糾正,再找出新的邏輯。

大數據提供土壤給AI學習

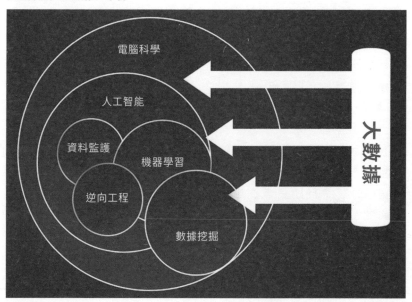

電腦科學

人工智能

資料監護

機器學習

逆向工程

數據挖掘

大數據

資料來源:mc.ai

簡單來說，AI 就是運用所有可以利用的數據，作出分析，經過不斷測試和成功失敗後，就能了解在不同情況下，如何能更準確地幫助客戶和公司。AI最重要的一點是機器學習（Machine Learning），意思就是從數據中學習邏輯。

我們在第一章曾提及編程，是以人的觀察，再將邏輯寫成編程，教導電腦學習這個邏輯。例如在「狗」和「動物」出現時，Cat指貓；在「目錄」和「分類」出現時，Cat指組別，可是如果出現「保護」和「流浪」時，由於人類沒有寫下「IF ((AND (A1=保護, A2=流浪)),"貓"」的指令，電腦就無法處理。

但是若AI擁有足夠數據，即使沒有編程，也能憑學習大量的文章數據後，讓電腦知道「狗」和「動物」、「目錄」和「分類」，以至是「保護」和「流浪」與Cat的關係。我們給予字詞的解釋後，AI不需要前人教它邏輯關係，它會從所有數據中找出邏輯，然後教電腦怎樣做。而深度學習（Deep Learning）是指，例如我在軟件中導入（input）1000萬張貓的影像，AI就會自行找出所有影像的共

同特點，以後它就能判斷出什麼是貓。

因此，編程和機器學習是兩種不同的方法，而機器學習就更加聰明，能夠處理的情況更多，遠遠超過人類觀察後再寫編程的速度，電腦也能不斷從大量數據中測試、糾正，再找出新的邏輯。

80%數據未被利用

大數據（Big Data）與數據並不相同，大數據除了大量外，也指不同種類的數據。以往Excel試算表中的數據，或公司會計、交易、物流系統的數據也有用處，但這些結構性數據其實只佔所有數據的兩成，並不足以令我們精準了解客戶所需。要做到準確切合客戶的機器學習，我們還需要利用佔比達80%的非結構性數據（Unstructured Data），例如電子/手寫文件、閉路電視的影片、客戶服務中心的錄音、傳感器及物聯網設備內的數據，這些以往需要花大量人手和時間逐一觀看和聆聽的，現在都可以利用AI將這些分散的、寶貴的非結構性數據轉化為結

80%的數據是非結構性的

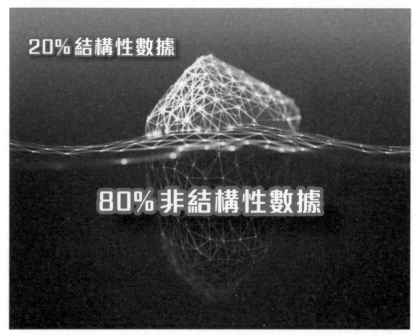

構性數據，方便處理和容易分析。我們能夠分析結構性和非結構性的大數據，就能開啟更多商機。

掌握數碼足跡
了解客戶喜好

除了企業內部的數據，外部的數據更重要。每個人包括在公司、社交網站、購物平台都會留下不同的數據，它們本來是分散的，而AI就將這些分散的數據整合成個人的數碼足跡（Digital Footprint），稱為還原數據。除了基本數據，還有行為、喜好數據，分析個人的日常生活和朋友網絡，然後將這個人貼上標籤（Label）。此外，分析場景數據及開放數據（如GPS、交通、天氣、球場活動等）可以讓我們捕捉到在不同場景下會發生什麼事情。

數據轉化為資產
賺得更多

「AI、大數據和機器學習的概念中，最重要、最核心的就是數據資產。」

掌握數據後，更可將數據轉化為資產，即數據貨幣化(Data Monetization)。數據資產在數碼經濟中是最重要的資產，企業的起步點可能是出行或餐飲程式，但當它收集足夠數據後，可把數據變為資產，從而能創造出新的商業模式、賺得更多。因為它們已經透過分析數據，已相當了解客戶的行為喜好，所以也在出售其他產品時，也有充分的把握。

螞蟻金服是阿里巴巴旗下的一間金融服務業子公司，透過阿里巴巴生態系統內的數據，計算出每個人的信貸分數(芝麻信用分數)，超過700分是信譽良好，而低於700分則是信譽不良，當客戶申請信用卡或借貸，銀行便加檢查客戶的信貸評級。螞蟻金服除了發展對消費者的業務(B2C)，也正在開拓愈來愈多對商業的業務(B2B)，由此可見阿里巴巴和螞蟻金服能利用數據服務更多的金融企業，並從中找到商業模式。

中小企如何用AI？

除了領先企業運用AI，但由於雲端運算、SaaS租用模式、開源平台及AI初創興起，中小企也能踏上AI快車，在數碼時代分一杯羹。從成本效益來看，機械人流程自動化(RPA)能提高工作效率、減低成本。從營銷角度來看，聊天機械人(Chatbot)能改善客服體驗、情感分析(Sentiment Analysis)助了解客戶需求、網站分析(Web Analysis)可透過分析客戶喜好並增加銷售等，整合數據後，可幫助市場定位、產品定價以至設計。因此不論各行各業、各工種都應該學習運用AI，增強自己的競爭力。現時AI初創如 Lively Impact、Radica、Viewider、theAnswr 等有提供中小企的方案，大家可以考慮採用。

機械人流程自動化流程

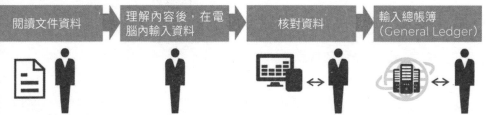

閱讀文件資料	理解內容後，在電腦內輸入資料	核對資料	輸入總帳簿 (General Ledger)

人類將文件掃描至電腦內	自動輸入資料	核對資料	輸入總帳簿 (General Ledger)

資料來源：KPMG

○日常工作時間減少約65%至75%
○減少錯誤，效率更佳

尋找 NBA

其實，我們利用AI及大數據的最終目標是還原每一個客戶的行為喜好，然後知道下一步應該與客戶談什麼話題、售賣什麼貨品，也就是NBA（Next Best Action，最佳下一步行動），不論線上線下也能運用。除了舊客戶，新客戶同樣做到，AI也可根據客戶的特徵，利用已有的大數據找出跟他相似的客戶需要什麼服務，因此大數據同時為舊客戶和新客戶提供優質體驗。

AI將大數據整合，再用統計學方法分析，找出關聯性。在重要事情上，我們可按照AI給予的分析再作決定。然而，AI正正是根據過往錯誤的經驗來學習的，所以通過給予和分析更多的數據源，未來的推測就會愈來愈準確，你就可以更有信心地使用這些分析。很多領先企業通常以「AI首先」（AI

First）為重要策略，即是無論面對客戶或內部挑戰，都嘗試用AI解決問題，而且做得更快和更有效，能達至多贏局面。

除了設計和運用 更要管理AI

與其他科技一樣，AI也是一把雙刃劍，也會帶來風險和挑戰，我們需要在不同層面管理AI。AI內包含許多數據，因此也帶來數據治理（Data Governance）的安全疑慮。數據治理包括數據安全性（Security），即保護公司數據和商業秘密，免被駭客入侵；數據私隱（Data Privacy），即保障公司和客戶，不能在沒有規矩的情況下讓任何人隨意使用數據；最後比較特別的是人工智能道德（AI Ethics），AI的算法會預測NBA，但我們無法得知AI運用了甚麼數據及算法得出這個結果，如有沒有歧視、偏見、特權等，這就可能會涉及道德問題。社會預期對數據治理的要求將愈多，相關人才的身價將暴漲，能夠理解和管理AI將成為不可或缺的競爭力。

AI並非遙不可及的事物，而是我們每天都在使用，可以接觸到，更運行得很快。我們必須大大提高自己的AI和數據素養，我們才能把握機會。

互聯網金融全貌

微軟創辦人蓋茨說:「我們仍需要銀行服務,但銀行就不需要了。」(Banking is necessary, banks are not.)

大型金融機構在市場上屹立數十年甚至逾百年,它們財力雄厚、有一流人才、累積不少經驗,認為自己只與同行競爭,不怕初創企業。但事實並不如此,金融初創的方案除了能拿到部分市場佔有率外,也正在顛覆傳統金融機構的大局,因為它們正不斷衝擊盈利佔比較高的傳統銀行堡壘如個人或企業貸款、供應鏈金融,而能力更勝傳統金融機構。蓋茨以一句話點醒傳統銀行機構,銀行雖然規模大、人才多、經驗多、但不能老定。而除了金融外,其他需要依賴中介來確保可信性交易的行業,例如貿易、律師和會計等,也將被一一顛覆。

在本節,我將與大家看看互聯網金融如金融科技(FinTech)和區塊鏈,如何顛覆傳統金融服務。

找出痛點 以科技解決

> 金融科技不是要做一個金融科技產品，而是要把這些科技融入日常生活和商業，令客戶更方便，但時間成本和營運成本更低，才是高招。

當乘車和購物時都需要用上現金付款，相當費時，不太方便，因此港人出門必備八達通，這張20多年推出的小卡，曾是香港電子支付的代表作。

因此，金融科技（Financial Technology，FinTech）的重點是從日常生活的運作、流程、客戶（場景）找出痛點，然後以金融科技來解決，金融科技，是embedded（融化）在生活和生意裡。將科技融入日常生活和商業中，令你和客戶更方便，而時間成本和營運成本更低，才是高招。與此同時，創新需要符合金融監管機構的規則，這是對創新者的考驗。

因此，卓越的金融科技企業必須管理好4個範疇，即金融行業知識、科技、創新及監管。

金融科技解決過去不能解決的問題，特別是與客戶相關的痛點。金融科技從客戶痛點出發，了解金融市場，對科技有良好把握、創新的思維去解決痛點，和在監管上令創新合規。除了支付的痛點外，其他金融的痛點現時都能憑創新科技解決。

八大金融科技

❶ 電子錢包
（Payment and eWallet）

我們過去在濕街市購物，傳統現金對買賣雙方來說都不算整潔，現時我們可以用電子錢包如支付寶、微信支付、TNG、Tap & Go、Apple Pay、Samsung Pay和Google Pay等減少與現金的接觸，更加衛生，亦更快捷方便。

電子錢包並不只是用於支付上，還能處理其他金融服務如匯款、借貸、保險、投資等。例如我的戶口在匯豐，你使用中銀戶口，而另外兩個朋友分別用支付寶和八達通，以往要分帳時候就遇上難題，現時我們可以用金融科技打通不同銀行戶口系統，通過電話和電郵已經可以轉帳，這正是轉數快（Faster Payment System，快速支付系統）。

❷ 網上銀行和移動銀行
（Internet and Mobile Banking）

我在匯豐銀行處理多項銀行業務，例如信用卡、按揭貸款、強積金，以前我要親身前往銀行，甚至是要致電不同熱線逐項處理，涉及不少紙本工作（paper work）和時間。現時我在手機就可以一次過閱覽和整理銀行各項產品和服務，甚至可以即時交易。

2020年香港政府派發$10,000元給每位市民，由於不同種類的驗證需時甚長，但因網上銀行系統容易添加指令，可令派發程序更快捷，也鼓勵沒有網上銀行戶口的人開通戶口，體驗了金融科技好處。

❸ 開放銀行 (Open Banking)

我在旅行社網站看中了一個行程，但又不知道我會否「碌爆」卡、5張信用卡是否尚有信用額（Credit），這時我需要開啟分頁登入5個網上銀行戶口，然後才可返回旅遊網站。當銀行開放應用程式界面（Open API）和獲得客戶授權後，就能打通不同銀行內部系統，並能在第三方App擷取數據，我在旅遊網站就能直接查看到我的銀行結餘，更省時。

香港金融管理局（HKMA）現時規定，有牌照的銀行都需要寫好API，需要開放並接受監管風險。

❹ 虛擬銀行 (Virtual Bank)

除了網上銀行外，HKMA也開始發放虛擬銀行牌照，客戶只能在網上處理銀行所有服務，例如借貸、匯款等，即是沒有線下銀行。那為什麼我要選擇虛擬銀行？因為虛擬銀行的服務費較一般大銀行低，而它們也能融合更多API，從而與生態鏈整合。香港的金融科技獨角獸WeLab是虛擬銀行的好例子，但傳統銀行例如中銀、渣打等也不會坐以待斃，它們伙拍初創企業成立虛擬銀行。

❺ 虛擬保險 (Virtual Insurer)

除了虛擬銀行，也有虛擬保險公司，例如港產的OneDegree和Bowtie。我毋須再透過中介人（broker/agent），也可申請保險，賠償額和理賠速度也有望更快。當然，大部分人仍習慣線下服務，因此虛擬銀行和虛擬保險也要考慮客戶O2O體驗和成本問題。

此外，保險公司可以用AI和大數據計算客戶風險，高風險時定價高、低風險時定價低，才是適合和具競爭力。例如年輕人想買一架雙門跑車，因為一

般年輕人的撞車機率較高,所以他們的保費一般較高。但這不一定如此,我們用AI分析年輕人的社交平台數據後,發現這位年輕人平日相當守規矩、不會酒後駕駛,因此風險較低,可以提供較低的保費,定價更勝傳統金融機構。因此,對企業來說,金融科技就是重新審視每一個人、每一間公司的風險,定價更為個人化,利潤也較高;對客戶來說,我付出的保費也與我的風險成正比。

❻ 財富科技 (WealthTech)

年輕人的財富不多,但不等於不需要投資。昔日私人銀行的財富管理因為成本太高,門檻亦高,例如要求客人至少存入\$100萬美元。美國金融科技初創Robinhood和Wealthfront就嘗試解決此痛點,運用AI和數據能減低成本,就能搶佔這批以往沒有被服務的較低資產或年輕人客群。

金融初創以獨立沒偏見、不會累、犯錯機會少的智能投顧(Robo-Advisor)協助客戶投資,以大數據分析,知道哪類投資方案適合我,給予客戶一個機會去投資,甚至是學習投資。

❼ 借貸 (Alternative Financing)

金融其實是一盤關於風險的生意,金融機構需要計算風險,才能制訂借貸利息、按揭利率、投資組合、高風險時定價高、低風險時定價低,才能賺得更多。金融初創利用AI計算以前不能被分析的數據,例如圖、影片、社交網站的數據,協助分析個人和企業的風險。

Lenddo和Credo成功打開發展中國家的藍海市場。發展中國家裡沒有銀行戶口的人因為沒有財務數據,風險不能被分析,以往一般銀行不會批貸。但透過分析用家手機、社交網站和電商平台的日常數據,AI就能計算出信貸分數,並得出借貸金額、還款期和利率的資料,而貸款的壞帳率也不會超出一般銀行。

此外，Kabbage和OnDeck 為中小企提供貸款，它們在獲得公司授權後，會分析企業雲會計系統、物流、ERP系統的數據，AI計算風險分數，定價更準確符合風險，滿足客戶需求。

❽ 監管科技 (RegTech)

在金融盡職審查上，金融機構可以大數據、AI特徵驗證等科技去了解客戶有否洗黑錢（AML）、交易詐騙、驗證客戶身分（KYC）等。

在金融監管上，各地監管機構對創新的取態、對監管的拿捏也會影響金融科技的發展。金管局旗下金融科技促進辦公室負責培養人才，設立「金融沙盒」讓初創測試新科技（在這段時間內測試，不會觸犯條例）。如果它們不批准，轉數快、虛擬銀行等金融科技也不能「落地」，不能解決痛點，整個社會的競爭力進而受損。企業找出客戶的痛點，以創新科技去解決，監管機構容許科技推行，一環扣一環，就是金融科技的生態鏈，瓜分傳統銀行的中介市場份額。

區塊鏈： 確保交易安全可信

▛區塊鏈又稱為「可信任的機器」，其特性是安全性高、不可篡改、可追溯，非常適合替代依賴昂貴及有信譽的中介來確保可信性的交易及應用，例如金融、貿易、律師和會計等。▟

另一項值得注意的科技就是區塊鏈。若我問你區塊鏈是什麼，大家一開始想到的應是比特幣（Bitcoin）。在2013年，買一個薄餅需要10,000個比特幣，在2017年高峰，1個比特幣可換到$20,000美元，所以當年的一個薄餅價值$2億美元！不過，比特幣不等於區塊鏈。簡單來說，區塊鏈是一個基建，上面有很多應用，而比特幣就是其中之一。

區塊鏈如何運作

收到交易要求、交易被認證

一個代表這交易的區塊產生

區塊被送到區塊鏈網絡的
每一部電腦（參與者）

參與者收到區塊，驗證交易

參與者獲得虛擬貨幣作獎勵
（Proof of Work）

驗證成功的區塊
會被加入區塊鏈

新的區塊鏈資料
被分散至整個網絡

交易完成

資料來源：Euromoney Learning 2020

區塊鏈又稱分散式帳簿科技（Distributed Ledger Technology，DLT），其特性是安全性高、不可篡改、可追溯，非常適合替代一些現時依賴十分昂貴及有信譽的中介來確保可信性的交易及應用，例如金融、貿易、律師和會計等。因此，區塊鏈又被稱為可信任的機器（Trust Machine）。

我們現時在銀行存款或提款，交易紀錄都是登記在銀行的中央帳簿上，而銀行只有一本帳簿。如果帳簿被駭客盜取或改寫，例如從轉帳$100元變為$1000元，你的戶口便少了900元。為了對抗駭客，我可以利用區塊鏈把這本帳簿鎖上，帳簿內容有時間次序、不能被篡改的，這本帳簿然後會被分散到整個網絡，帳簿將被複製至網絡的多部電腦上。駭客無法入侵所有帳簿，也無法篡改帳簿內的數據，所有交易數據都會被加密，安全程度更高。

公司與人、人與人之間的日常會在網上聯繫和交易，而區塊鏈就是令所有在互聯網上發生的事情都會被「鎖上」和「分散複製」至整個網絡的電腦內，

增加一層安全性。因此區塊鏈非常適合替代中介來確保交易的可信度。所有交易、商業合約或文檔，全部都可在區塊鏈上處理，可以增加認證，非常適合聯盟式的合作伙伴；也毋須再依賴銀行、律師（去中心）處理資料，減低成本，因為所有東西都被區塊鏈保障（安全性高），也只有區塊鏈上的一個版本（不可篡改、可追溯）分散式存放在多部電腦內。

源頭到消費者都可追蹤

以供應鏈為例子，例如食物、貨物的供應鏈，由源頭到消費者的交易資料，全都可以放在區塊鏈上，可以追溯和不可篡改。又例如鑽石般貴重的物品，周大福引入 T Mark 區塊鏈紀錄每一顆鑽石的資料訊息，從源頭到客人手上，以至客戶轉手後的擁有者，所有來龍去脈都記在區塊鏈上，確保可真、可信。

在按揭上，現時也有聯盟鏈例如中銀、新世界和應科院合作的置業區塊鏈，當中牽涉不同持分者如銀行、地產商、客戶、律師等，關係不一定緊密，當中有很多文檔和交易、也可能出錯，但當我們信任區塊鏈的安全性、不可篡改和可追溯性後，將所有資料放上鏈就能一目了然，能解決信任問題，也能省去紙張、時間、認證、專業服務的費用，這對參與按揭的持分者都有裨益。

「挖礦」獲虛擬貨幣

區塊鏈的設計很特別，如果能把全世界所有網絡都拉到區塊鏈，這就是一個開放的系統。但當裡面有很多電腦時，例如我要給你轉帳$100元，這交易要寫在哪本帳簿上，由哪部電腦負責寫呢？所有在區塊鏈的電腦都可以爭取寫這個交易到自己的帳簿上，唯一條件就是你先需要解答一個較複雜的運算問題，當你解答成功後，便有權將交易寫到自己的帳簿上，並獲得虛擬貨幣如比特幣的獎勵，稱為「挖礦」。

當你的電腦運算能力愈高，你就愈能成為最快解答到問題的人，獲得虛擬貨幣獎勵的機會愈高。然而比特幣的數量是有限的，當交易愈來愈多時，就愈來愈難獲得獎勵。

虛擬貨幣用途多元化

當區塊鏈衍生愈來愈多虛擬貨幣，這些貨幣可以有何作用？不同的區塊鏈會出現不同的虛擬貨幣，例如比特幣、以太幣、萊特幣等，價值也不一，你可以在虛擬貨幣交易所（Crypto Exchange）兌換貨幣，令虛擬貨幣的流動性增加。

此外，虛擬貨幣也能協助融資，不一定要再靠風險投資（Venture Capital）或在交易所上市（IPO）。首次代幣發行（ICO）是企業通過寫一份白皮書（招股文件），發行虛擬貨幣，達到股權融資或預售產品和服務的目的。當集資完結，就可以用這筆錢研發產品及發展業務。

這種融資方法也是顛覆了傳統的融資市場，但是由於不少企業不能實現白皮書的承諾，現時ICO的吸引力正在下降。

全世界的金融人才都對實體資產權利轉為虛擬貨幣感興趣，資產代幣化（Asset Tokenization）便應運而生。舉例說，打工仔上車難，享受不到樓市的升值，雖然買不起$1000萬元的物業，但可以付出$100萬元；對發展商來說，$1000萬元的物業很難賣出，但如果它能將物業分成10份權益放上區塊鏈，投資者就能以$100萬元買入1份等值的標識（Token），當樓價升值到$1100萬元時，每個投資者便能享受到$10萬元的回報。此時，投資者也可以轉售他的標識，例如以$120萬元售出，便能獲得$20萬元的回報，毋須等待其餘9個人達成共識才售樓。將資產代幣化後，讓更多人能有投資昂貴資產的機會。

金融科技仍需建立標準

現時不同初創不斷嘗試用其創新思維解決金融上的痛點，例如以金融科技的創新挑戰銀行的中介地位，例如初創可以售賣保險、放貸等；而區塊鏈就專行牽涉多方的交易，解決市場上一個個不相任的場景，減低成本，而衍生出來的虛擬貨幣、ICO、交易所則助初創尋找融資機會。

很多人也知道金融科技的爆發性，不過現時我們仍需要建立這些科技的標準、安全性，也要有高兼容性獲得全世界認可。相信這些科技將來也可能會如現時的互聯網一樣，成為我們生活中不可分割的一部分。

分清
VR、AR、MR

現時不同企業都致力開發VR眼鏡、AR軟件等工具，讓我們跨越真實與虛擬，把現實延伸至更有趣、更多姿多采的數碼世界，讓購物、上課，甚至醫生診症都更加方便。

讓我們來談談一項大部分人都覺得好玩但不太了解的科技，大家可能會聽過或玩過 Pokémon Go遊戲，玩家只要拿着手機在任何地方，在公園也好、在街上也好、在家也好，便可以在手機中看到眼前的實境，也能看到虛擬的小精靈，更可以用手指在手機上掃一掃，捕捉小精靈獲取獎勵。這是一個典型的AR（Augmented Reality，擴增實境）的應用，AR使我們的手機在現實世界新增一層虛擬的效果，這層虛擬效果可以是小精靈，也可以是旅遊時，出現一個導航介紹該地方。

資料來源：Pokémon Go

85

Pokémon Go只是我們接觸虛擬世界的第一步，而AR只是XR（Extended Reality，延展實境）的一個分支。如果稱我們日常看到的為實境，如何把現實延伸至更有趣、更多姿多采的世界，特別是數碼世界，這就是我們所稱的XR。為何我們需要有XR？原因是某些效果在一般的數碼科技或實境達成不了，XR可以令我們在不同的App內更投入，甚至進入了一個完全不同的世界裡面，用一個自己設計的虛擬身份，結識其他朋友。我們可以用沉浸（Immersion）概括以上效果，即是把我們整個人沉浸在一個場景內。

> 不論VR、AR、MR，它們最大的作用是使用家更加沉浸（immersed）在場景中，在心理上特別投入場景。

資料來源：Citi

由實境到100%虛擬，XR可以分為VR（Virtual Reality，虛擬實境）、AR（Augmented Reality，擴增實境）和MR（Mixed Reality，混合實境）。不論VR、AR、MR，它們最大的作用是使用家更加沉浸（immersed）在場景中，在心理上特別投入、特別到位，使用家擁有作為世界其中一部分的感受。

VR是100%虛擬，沒有任何實境，通常需要一個頭戴式裝置（VR Headset）使用。頭戴式裝置就像游泳時戴上泳鏡，才可以進入虛擬世界，但當你摘下裝置後，便再看不到當中的影像。如對VR有高要求，可購買如HTC VIVE，當中有不同的版本，有些在性能上比較優越。

AR存在實境，但現實的實境未必這麼有趣，所以我們為其增加數碼化的新元素，讓使用者更投入。AR基本上只需要智能電話，例如未來在看書時，我們可以電話掃一掃，就能看見數碼化圖像。除了電話外，Apple、Google、三星正在研發可戴式AI眼鏡（Wearable AI glasses）和智能眼鏡（Smart glasses），將來毋須電話也可以展現AR的效果。

MR則是把VR和AR兩者結合，AR只在實境加上一層層虛擬的元素，而MR則是讓數碼化元素與現實個體進行互動，讓數碼化元素看起來更真實。例如花旗銀行用微軟的HoloLens嘗試協助交易員，在買賣時除了可以看到面前實體的分析，再加上虛擬的分析，兩者不斷互動，使交易員及其客戶可更投入。

MR比AR的層次更高，因為我們能夠與加入的虛擬或數碼化元素互動。例如我們之前只能在Pokémon Go用手指捕捉小精靈，將來可能可與小精靈搞笑或擁抱，小精靈也懂得在街道上行走。MR在儀器方面有特別高要求，Magic Leap、HoloLens都是目前較為先進的MR技術，但仍在開發階段。

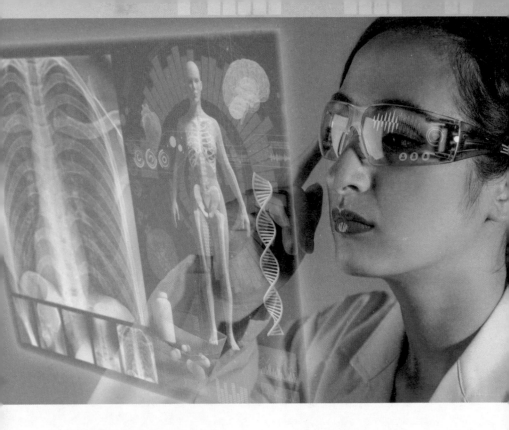

學習和醫療也能應用

第三章將會介紹企業如何運用 XR 轉型，除此之外，XR 技術可以有助我們學習。例如你害怕面對多人演講，你可以用 Oculus 的 VirtualSpeech VR 工具，便能模擬在一個一千人，甚至是一萬人的場景中演講。又例如我們可以利用 VR 製造森林場景，讓你練習射擊；也能創造一個火災現場實境，練習救火。運用 VR 技術可以使學生在一個模擬現實場景中練習。

在醫療層面上，我們可以利用 3D 技術呈現人體不同的組織，以 AR 技術為病人分析，甚至在手術時也能用上 AR。至於 VR 方面，艾斯數碼有限公司（ACE VR）運用 VR 遊戲測試病人的視力缺陷，當問題病人進行街或行樓梯測試時，就能發現他們經常在哪個位置碰到障礙物，可反映出其視野在哪個位置縮小。雖然是主觀式測試，但結果也相當客觀準確。

XR利弊參半

> 在虛擬世界當中我們有著不同的身分，也有不同的朋友在當中，有的是真，有的是假，有許多在現實無法做到的事在虛擬世界都可以做得到，會使人們把虛擬世界和真實世界混淆，甚至眷戀在虛擬世界的生活，這會出現許多心理的問題，使我們無法洞悉世界的轉變。

近年XR已經發展得相當不錯，但還是遇上瓶頸，例如私隱和健康的隱憂，所指的是身體和心理健康。當我們使用XR時間過長時，會感到頭暈，也會影響視力。更甚者是，XR把我們帶到虛擬世界，在虛擬世界中我們有著不同的身分，能完成許多現實無法做到的事，當中也有真和假的朋友，會使人們把虛擬世界和真實世界混淆，甚至眷戀虛擬世界的生活，這有可能會出現心理的問題。

XR的世界讓我們做到許多現實中無法做到的事，但這把雙刃劍也有弊處，我們需要用得其所。當然MR技術的發展尚未成熟，當中更正在積極研究虛擬元素與人有直接且深入的互動；而且相關的硬件都較為昂貴和沉重，大大影響普及性和使用時的方便程度，所以現時相關技術尚未融入我們日常生活中。5G的來臨則為XR在娛樂及商業應用帶來更多可能性，我會在下一章節探討。

5G、物聯網、API 爆發的數碼力

要把創新科技、儀器和應用有效且準確地連接，我們需要5G、物聯網（IoT）和 API。

前面數節提到的科技都非常重要，而且應用廣泛，卻有著它們自身的挑戰，而其中一個最大的挑戰就是需要良好的基建和周邊設備。不論什麼科技，當中的基建、如何打通不同科技和持分者的渠道也是相當重要。要把這些創新科技、儀器和應用有效且準確地連接，就需要用上5G、物聯網（Internet of Things，IoT）和應用程式的介面（Application Programming Interface，API）。這讓消費者、商業社會一個好機會，從前難以開始的應用，現在都可以一一實現。

5G：支援實時應用

> 5G以點對點設計，裝置與裝置可以直接傳遞數據，因此能支援實時（real-time）應用。

我們在流動電話上一般還在使用4G、3G，而G代表 Generation（世代），而5G即是第五代的流動網絡，簡單來說，5G是一個運行得更快的網絡，比現時室內使用的光纖連接的互聯網還要快，使我們在數據、聲音和視頻的傳送快上很多倍。

此外，我們現時使用的網絡大多都有一個中央處理器負責收集訊息，然後再發送至雲端，這樣傳輸會出現延遲點（Latency），當我們發射信號後，與對方接收信號中間會出現時間差。但5G的設計是點對點，毋須中央整合和發送，因此的延遲點相當少，能支援實時的應用如無人駕駛汽車、雲端遊戲、遠程醫生等。

❶ 無人駕駛

一部無人駕駛汽車或是半無人駕駛汽車裡有許多儀器，它們需要與路上的設備溝通，如果它們中間傳輸的速度不夠快，或者需經中央處理器然後再傳輸數據，過程中的時間差便會很大。換言之，若路面上突然發生意外，汽車便不能即時反應，便會發生危險。

❷ 實時電競

前一節提到VR和AR設備普遍昂貴，大部分人未必能夠負擔。當我們有5G，VR和遊戲內容就能放在雲端上面，我們相對買簡單的設備就能享有與昂貴設備相同的體驗，這將令VR更為普及。特別是參與電競時，我們不能有太大時間差，

當你按下一個按鈕，在不同地方的玩家也能可以在同一時間接收指令，方便作實時比賽。

❸ 遠程醫生

當我們去到鄉郊地方，會發現信號甚差，因為光纖和衛星無法覆蓋，網絡價錢十分昂貴。現在，5G能夠覆蓋郊外和偏遠地方，便能協助當地使用互聯網所有好東西，包括學習、工作、娛樂，甚至是醫療。在成都已經開始運用5G作遠程醫生，病人毋須到醫院，只要在家中佩戴遠程醫療傳感器，醫生可以即時得知病人的情況，在發展更趨成熟時，遠程手術的可能性也愈來愈高。

物聯網：
物與物、物與人間的溝通

▌物件除了收集數據外，更能發送數據。如果我們把所有數據用於分析，除了智能城市外，智能家庭、辦公室、健康、工業全都可以發揮。▐

5G是一個更快、延遲更少、耗電量更少的網絡，但只有5G並沒有太大作為，5G需要與物聯網的不同數據配合才能相輔相成，發揮強勁的應用和商業模式。物聯網的特點是在於收集數據外，更能發送數據。例如健身手環就是一個物聯網設備，可以讀取你的心跳、體溫和血壓，並發送訊息給你，即你可以與手環溝通；手環更可以將這些資料發送給你的單車、健身房內的跑步機，因此物與物都可以溝通。

全世界有許多種類的物聯網設備正在不斷收集和發放數據，它們不需要人類參與。保守估計全球在2020年有500億個物聯網設備運作，到2025年更逾750億，這不單指手環等戴在人體身上的設備，這更是

城市內的設備，例如喉管內的裝置、智能燈柱、無人駕駛汽車、太陽能板等等，大部分都藏在肉眼看不到的地方。試想想全球有逾750億的物聯網設備運作通過5G快速進行點對點溝通，每分每秒都在收集和發送數據，如果這些數據能用於分析，除了智能城市外，智能家庭、辦公室、健康、工業等不同場景的應用全都可以發揮。

❶ 智能家居

我們將家俬換成物聯網的設備後，雪櫃、洗衣機，甚至是床和書桌，都能互相溝通、交換意見和分析，當你回到家後，會建議你最適當溫度的水、播放最適合你的音樂。這些全都是物聯網搜集的數據，設備互相溝通，再利用大數據分析和AI推測得出的結果。

❷ 智能城市

把智能家居放大就是整個城市，如果一個城市有足夠物聯網設備，設備也能相互溝通，但因為城市的空間比家居大得多，物聯網的設備也更多，所以我們需要5G快速把數據整合。例如無人駕駛汽車、街燈、氣溫監測器，所有設備能夠收發數據，在這個城市內，人與人可以溝通，人與電腦可以溝通，物與物也可溝通，使應用的可能性愈來愈多。

❸ 工業物聯網

在工業上用上物聯網稱為工業物聯網（Industrial Internet of Things，IIoT）。工廠內有不少機械和設備，如果全都能安裝物聯網設備，它們便能不斷收發訊息，從而改善工廠的運作，甚至能進行預測，例如明日哪一台機械會耗盡，讓我們今天提早更換，生產力便不會受影響。環境、環保、能源消耗，甚至是農業、牧畜業融入物聯網後，收成和效果便會更理想。

在商業供應鏈中，如果貨車能夠與貨倉、周邊環境的物聯網設備溝通，在運送途中能不斷調整路程，甚至是在運送新鮮食品時不斷調整車內溫度，使食品不會容易變壞。

邊緣運算 +AIoT

面對龐大資訊量，現在邊緣運算（Edge computing）使物聯網設備能在本地溝通和利用AI分析，毋須連接上雲端，甚至我們可以在伺服器加入AI硬件（統稱為AIoT），使效率更高。例如在機場等人流密集的地方，我們可以設置邊緣伺服器，邊緣運算能力加上AI硬件，當需要使用人臉辨識時，邊緣伺服器能夠更快處理大量物聯網設備所搜集的數據，然後再使用AI分析，毋須先將數據傳送到雲端。

API：
打通所有App

> 如何再進一步把世界拉近，與消費者、客戶、公司、周邊的硬件和軟件連繫，這就需要API。

5G、IoT可以把全世界的物與物及人與物連繫在一起，而API可以進一步把消費者、公司、周邊的硬件和軟件連繫。API主要聚焦在App，銀行、商戶、學校擁有大量數據，但只供公司內部使用，應用程式也只供公司使用。當這些數據能被開放使用，外面第三方的企業就能運用這些數據，加上創新，共創全新價值。

銀行或零售店可以提供API給第三方編寫應用程式，若客戶授權，第三方便能夠拿到客戶在銀行或零售店的數據，例如銀行的結餘、會員積分，創造一個客戶體驗更佳的應用，例如前文提及的旅行網站例子，我毋須登入網上銀行，在旅遊網站已能查閱到我的信用卡結餘。中小企或初創企業能夠提供應用程式API給其他公司使用，而大企業也能將自己的數據和其他公司的數據融合，兩者都會有所得益。

網絡安全炙手可熱

花旗舉辦全球 API 創新挑戰比賽，鼓勵與初創為客戶共創價值。

資料來源：LetStartup.hk

所有科技都是雙刃劍，但技術問題也帶來商機和新工種。5G除了價格相對昂貴外，較大的技術問題是比4G、3G更易被物件打亂或騷擾信號。當一輛無人駕駛汽車在這一條街行駛時沒有問題，但另一條街因為多了大廈而阻擋信號，反應慢了，或釀成交通意外。現時其中一個解決方案，例如OpenRoaming18的項目，就是採用技術使5G和4G不斷自動調整和跳動，當5G信號被阻擋或影響後，4G便會立即補上，減少斷線問題。

物聯網和API的最大挑戰在於其安全性及私隱。當世界上有750億個物聯網設備，如果我們不能保障網絡安全，駭客就能經過物聯網設備入侵主幹電腦，影響安全，甚至會危害生命；而若駭客入侵API，也有機會獲取我們的私人資料，令私隱受損。例如在2016年，出現了大規模駭客的DDoS（分散式阻斷服務攻擊），它們通過不同的物聯網設備入侵Twitter、Amazon等大公司，令我們斷線（off line）。所以在這些科技運作時，我們需要大量專家進行保護訊息的工作。

總括而言，5G提供一個快速、延遲度低、點對點的網絡，提供機會讓上述所有科技去實現，誕生出無限且不同的可能性。而IoT能夠幫我們收集和釋放數據，我們才能有更好的分析和更好的應用，要把物聯網設備發揚光大時，就需要初創企業不斷創新，如果大型企業（包括政府）能夠開放API，使初創企業能夠獲得客戶授權的數據，便能集中數據共創一些更適合客戶、更有價值的App。

行業新趨勢
學創新點子

大家每天都使用電腦，你知道上世紀IBM和微軟研發的電腦使用的是運行DOS系統嗎？電腦採用全文字界面，用電腦就像寫Code，需要輸入一大堆文字，難學也難用。

喬布斯（Steve Jobs）標榜以客戶為先的創新，認為手提電腦應該user-friendly，方便用家，像個朋友。有一天，他到了施樂（Xerox）旗下研發部門Parc，發現了很多被遺棄的創新產品，當中一個用鼠標控制的產品深深吸引了喬布斯，於是他與Parc達成協議，授權他基於基礎研發再開發，最終Mac GUI（圖像式界面）誕生了，可以用點選的方式使用電腦，大獲成功。我們未必能像喬布斯找到Parc的鼠標產品，但數碼科技正正賦予我們更多創新技術去解決客戶需求。

除了動用創新技術外，我們也要知道創新技術正顛覆市場，因此這章我們先來看看未來不同行業的變化，有什麼新痛點需要我們解決，再來看看傳統和創新公司如何組合科技，在不同場景中應用，在市場上不斷突破。

零售：
打造個人化體驗

痛點：逛一大輪、浪費時間卻又買不到心頭好。找不到自己喜歡的、不知道是否適合自己的、想要自己訂造的，但又怕價格昂貴。智能化購物就可以解決這些痛點，讓每個人都能享有個人獨特的消費體驗。

以前我們細分市場（Market Segmentation），例如將3萬個喜歡喝酒的中年男生歸類為一個市場，了解他們的大致喜好，我們就生產一款長版的牛仔褲給他們吧，但其實這3萬人需要的款式、尺寸和顏色都不會一樣，那件長版牛仔褲可能可以滿足這3萬個男生的基本所需，但一定不能滿足每一個男生的個人需求。

Segment of One

┏ 數碼時代的趨勢就是盡量做到Segment of One，每個人都是一個細分市場。┛

我們仍然追求潮流，但現在和未來最重要的客戶群——千禧世代的年輕人，更喜歡「個性化」、「專屬」產品。我們總是覺得量產（Mass Production）和客製化（Customization）是對立的，量產便宜但未必完全符合需求、客製化成本高；

現時使用數碼科技，我們就能做到大規模客製化生產（Mass Customization），既能客製，又能大規模生產，也符合成本效益，正正能做到「每個人都是一個細分市場」（Segment of One）。零售商從前的銷售想法是，先想目標顧客對象，了解大部分這類型顧客的，再想出產品，符合最多人的主要需求？現時零售業的想法應該變為知道客人想要什麼後，我們就提供什麼產品給他們，直接命中客戶。在整個零售產業鏈中，從了解客戶、生產產品、到宣傳和售後服務，數碼科技都令我們做得更「到位」，為客戶創造一個方便兼獨一無二的購物體驗，才能令顧客持續、甚至提高消費。

以下我將會介紹一些零售和旅遊業的創新企業的新點子，Stitch Fix、Airbnb、港產的Klook和TravelFlan如何藉數碼力發圍？面對創新對手的狙擊，傳統大企業如IKEA、沃爾瑪、漢堡王、周大福又如何以數碼科技重獲競爭優勢？

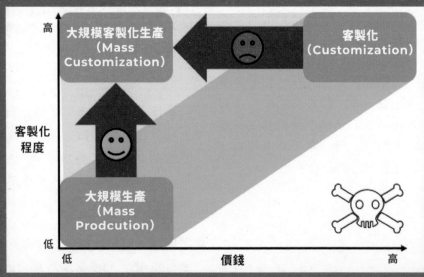

從量產和客製化，到量產客製化

資料來源：Latestquality.com

大數據成時尚顧問 Stitch Fix 年收 17 億美元

第一天到新公司工作、第一次參加舞會,我應該要穿什麼衣服?我要如何根據的職業、年齡、場合挑戰衣服?

若我們每次購物都要帶上設計師或形象顧問,價錢相當昂貴。美國女性數據科學家 Katrina Lake 創立了 Stitch Fix,為沒時間購物、對買衣服沒有頭緒的人們提供幫助。以大數據分析某類客戶會適合哪一種風格的衣服、在某段時間會購買什麼款式的服裝後,人類設計師便會利用自己的專長,判斷大數據的推薦是否正確,負責最後把關。Stitch Fix 每個月送一個包裹給用家,裏面有 5 件不同款式的衣服或一些飾物,還有設計師窩心的問候和「我認為這些衣服都是適合你」的訊息。客戶收到衣服,如果不滿意,可以免費全數退回。

服務用上設計師、大數據、物流,如果行不通,不會蝕本嗎?事實上,Stitch Fix 已經在納斯達克上市,每年收入超過 $17 億美元,活躍用戶超過 350 萬。Stitch Fix 顯示了人機合作的成功,大數據分析客戶喜好,推送前有設計師把關。如果客戶退回衣服,大數據更可學習到這個年齡、背景或行為喜好的客戶不喜歡這類衣服,下一次再送出包裹前予這類客戶時,就可以選擇更適合它們的衣服。

Stitch Fix 的人機合作模式

資料來源:Stitch Fix

Airbnb 內部「數據大學」助員工傾聽客戶聲音

Airbnb 的全名為 AirBed and Breakfast（氣墊床和早餐），其雛形是為解決大型會議期間的酒店住宿問題，因為酒店需求急速飽和，創辦人想到「讓陌生人短期住進自己家」的概念，為旅行者提供短期住宿、早餐、以及難得的社交機會。發展多年，現時 Airbnb 的住宿已遍及 190 個國家的 34,000 個城市，每天平均提供 5 萬個住宿。

Airbnb 成功的其中一個原因是重視客戶，其名言是「數據就是我們客戶的聲音」（Data is Our Customer Voice）。當公司剛開始營運時，公司可以直接與每位客戶溝通、了解其需要；當公司擴張、客戶數量變多，它們以大數據分析，知道客戶想要什麼、有什麼需要改善，再透過平台讓屋主和客人配合得更好。在整個過程中，無論如何創新，也一定是以客戶為中心。

要由數據推動商業模式，Airbnb 設有數據科學大學（Data Science University）。除了 IT 部門、數據科學家和高層外，每一名員工都要接受數據科學的培訓，專門訓練同事對處理、分析、利用和表達數據的能力，當他們從數據中聽到客戶的聲音後，就能夠調整策略及營運模式。

Klook
一站式旅遊服務
4 年創出 10 億美元估值

Klook創於2014年，只花了4年成為獨角獸（估值達$10億美元以上的初創企業），其提供大部分亞洲國家及歐美部分重要城市的景點服務，除了機票需要自行購買外，你可以在平台上根據旅遊日期和時間，購入旅行地點的交通、景點門票、數據卡和電話卡等，當地所有的行程和需要都可以由Klook安排妥當，一個網站就能處理所有旅行安排。

Klook除了運用AI，以大數據學習了人們喜歡到哪裏旅行、哪類人會喜歡某一類的體驗，並會主動向會員推介活動和給予資訊。此外，客戶可以先用AR及VR觀賞未去過的景點，然後再決定去不去。

Klook成功的其中一個秘密為API，即是其系統已連接交通、景點和餐廳的內部系統。例如我想到日本迪士尼樂園，我在Klook購買門票後，迪士尼的訂票系統中有紀錄，需要時也可以直接在Klook取消訂票，手續簡單。我也可以同時在Klook預訂交通卡、電話卡，整個無縫的客戶體驗（customer experience）靠API打通。API能達到應有的效果，需要不同公司間有共贏的共識，才能達成合作。除了不同國家的景點願意與Klook合作外，也獲得投資者垂青。

資料來源：Klook

TravelFlan
初創轉型聊天機械人
獲 700 萬美元融資

一提起聊天機械人，大家想到的應是24 小時無間斷運作的客戶服務。初創企業TravelFlan 的AI 聊天機械人，通過自然語言處理（Natural Language Processing，NLP）及大數據分析，學習會員的喜好及行為：如去過的地方、喜歡和不喜歡的地方、在社交網站看過什麼、上載什麼相片、發表過什麼話題，之後會為你提供旅遊資訊及作出推薦，也能提供實時旅遊諮詢服務，如翻譯、處理旅途中突發事情等。當然，聊天機械人不能完全回答所有客戶的問題，這時真人客服人員會代答，而聊天機械人會從中學習，之後能答對的問題就一次比一次多。運用24小時的聊天機械人，除了客戶滿意外，企業能減少僱用真人客服，成本能大大減低，增強競爭力。除了 B2C 業務外，TravelFlan 現時亦進軍 B2B，與旅行產品公司及航空公司合作。

原來 TravelFlan 的起步為一個旅遊產品網站，到現時專注研發 AI 聊天機械人、進軍 B2B 業務，甚至在 2019 年獲得 $700 萬美元融資，靠的就是不斷了解客戶所需，不斷轉型。

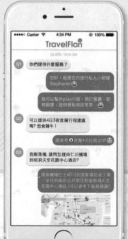

資料來源：WHub

人人都能
自行設計家居
IKEA 網上銷售升 43%

看過創新企業如何靠科技突圍而出，傳統企業又如何應對？例如你可能曾在IKEA購買家具，可是買回家後卻發現尺寸不太適合。有見及此，IKEA在2013年開始大力發展AR科技。IKEA每個月都會發放產品目錄給潛在顧客，這本目錄並不只有紙張，當你揭到你喜歡的沙發圖片時，你只要用手機執行IKEA應用程式拍攝那張沙發圖片，沙發便會在熒幕上出現，你就可以嘗試沙發家具是否合適，測試什麼款式、顏色及尺碼的家具比較適合放在家中。

IKEA Place是更先進的AR，因為它容許用家同時間放置多於一個家具。當你拍攝3D影像後，可以嘗試把不同類型的家具放在電話熒幕上，方便用家佈置整個家居，IKEA Place把AR的境界昇華至每個人都是室內設計師，還加入推薦列，吸引用戶翻新家居、購置新家具。

IKEA Place並不只一間網店，更是結合了AR技術，改善顧客體驗，並能給予適合的推薦。這業務發展不俗，2019年網上銷售按年上升43%，佔總銷售收入約一成。

客戶使用AR，足不出門就買到心儀家具。

資料來源：IKEA

AI 鏡頭判斷食物新鮮度 Walmart 供應鏈更靈活

美國超市沃爾瑪（Walmart）結合美國農業部的食物規格、沃爾瑪的產品標準、逾百萬張食物的照片，研發了名為伊甸園（Eden）的AI。在供應鏈運作各部分，負責人員會不斷拍攝新鮮蔬果的相片，AI透過這些相片得知蔬果的成熟和新鮮程度，也能預測水果何時熟透，並以分數呈現。例如天氣炎熱，大部分蔬果在運送途中已經開始變壞，分數較低，便會自動調節運輸車的目的地至一個較為鄰近的沃爾瑪超市，就可在蔬果還未變壞前出售。

AI除了能判斷食物是否新鮮，也能靈活調配供應鏈。公司不會因沒有人購買腐爛蔬果或需廉價出售水果而虧蝕，商譽也因客戶能不斷購入新鮮產品而受到保障。再沒有蔬果會因腐爛而送進堆填區，除了改善經濟效益外，也是環保之舉。

Burger King
AR 廣告刺激消費

增加顧客對品牌的投入感，也是一個典型運用AR或VR的例子。漢堡王（Burger King）面對麥當勞等多間快餐店的競爭，自然很想毀滅這些競爭者。漢堡王利用AR技術舉辦了一個名為「Burn That Ad」的宣傳活動，用戶只需要用智能電話拍攝麥當勞或哈迪斯等競爭對手的廣告，AR技術就會令畫面出現燃燒的效果，當競爭對手的廣告被「燒毀」後，漢堡王就會獎勵用家，送他一個漢堡包。這個宣傳活動充滿趣味，令客戶更加投入，更能增加銷售。

資料來源：Burger King

周大福鑽石區塊鏈
提高客戶信心

從整個產業鏈來看，擁有90年歷史的珠寶、鑽石和黃金零售商——周大福是一個數碼化轉型的好例子。周大福推出了不少領先的創新，如「智能奉客盤」（Smart Tray）、客製化飾物、跨境電商等，而引入區塊鏈技術更是顛覆全球的鑽石珠寶產業。

鑽石這麼名貴，作為顧客，當然害怕買到劣質貨，因此這顆鑽石的原產地來源、4C、4T、認證、出產時間、特點等資料，從鑽石礦場到周大福賣出，現在整個鑽石的一生都可以用區塊鏈記錄下來。周大福並設計了T Mark，即是鑽石的「出世紙」，會存在鑽石裡面。將來無論你把鑽石轉手，第二手、第三手，甚至之後的買家資料都會記錄在區塊鏈內，之後買家也能追查之前紀錄的資料，就能對周大福售賣的鑽石更有信心。這便利了珠寶行業、特別是鑽石行業一個重大的突破。

資料來源：周大福

金融：
交叉銷售創商機

痛點：支付及匯款手續繁複且收費昂貴、中小企及個人需要資金週轉時經常碰壁、沒錢的打工仔沒有足夠的資金作投資⋯⋯金融初創來勢洶洶，企業如何憑新科技創造交叉銷售、開拓藍海市場？

企業利用科技令金融服務變得更有效率，無論支付、貸款、投資，都能給予大眾市場更多的方便，以及有機會享受金融服務。金融初創通常只會專注一個範疇，例如借貸、投資、保險的商業模式或理賠，解決客戶痛點，同時成本低，價錢具競爭力。直至2020年首季，全球共有67間金融初創成為獨角獸，總市值達$2440億美元。成功的金融初創有(1)解決痛點的能力，也有(2)企業規模化(Scalability)的能力，即是能將企業模式複製至其他地區，也有(3)交叉銷售的能力，即使用數據進軍其他業務的能力。未來要使用金融服務，相信都可以在手機上做到。

數據愈多
交叉銷售成功機會愈大

大家現時生活都可能會用上八達通、支付寶、微信支付等移動支付或電子錢包，相信也能體會到無現金交易的好處。這些應用程式初時解決付款和收款的痛點，但當數據收集得愈來愈多時，之後就會將應用擴展至在其他場景，例如外賣、保險，開始展開交叉銷售。

以支付寶為例，支付寶除了付款收款，還可以在收發紅包、短期借貸、「餘額寶」用作投資、捐錢等場景下使用。更甚者是，支付寶開始開拓跨境服務，在中國或外國消費，可以直接使用香港版支付寶錢包消費，毋須再下載新的程式，一個程式就能有多項應用，客戶體驗更佳。

用 AI 大數據減壞帳
WeLab、Lenddo
拓藍海市場

有些人過去沒有銀行戶口或信用卡、沒有向銀行借過錢,他們不一定沒有還款能力,但是因為銀行沒法得到數據去計算風險,結果寧願不向這群人批出貸款。

WeLab創辦人龍沛智曾在傳統銀行工作,後來發覺上述痛點,於是研發以大數據的客觀方法計算人們的風險,AI整合借貸人的不同行為和喜好,例如眼神、寫字、走路等行為反映出其可信賴度,人們填寫表格的方法分析出其承受風險程度等,AI透過機器學習而發展出預測模型,用來推算客戶的風險和還款能力,從而定價。

除了WeLab在中國大獲成功,其他金融初創如LenddoEFL、Credo專門發掘中或低收入國家的市場,也是用大數據為發展中國家的借貸人提供信貸評級。客戶授權其使用手機、瀏覽器和社交網站數據等,之後會保障客戶的私隱,同時AI會根據這些數據計算風險,然後決定是否向客戶借貸,以及利息和還款期等細則。

如果發展中國家有30%的人符合資格,公司即可招攬這些客戶,除了提供貸款外,未來更可提供更多金融產品服務,例如在資金狀況良好時,可以推薦購買保險和理財計劃。企業憑藉科技優勢進軍傳統銀行較難接觸的藍海市場,而且經過AI計算,風險相對屬可控;將來更可繼續發展,例如WeLab已獲得香港虛擬銀行牌照,開拓貸款以外的金融服務。

LenddoEFL使用多項數據分析借貸風險

申請人資料　信用評級機構資料　Lenddo內部數據　手機供應商數據

瀏覽器數據

手機內資料

社交網站數據

LenddoEFL

性向測試（Psychometric Data）　申請人填表行為分析（Form Filling Analytics）　金融交易紀錄　網購數據

867

資料來源：The Edge Market

資產標識化
投資豪宅的機會來了

大家可能覺得投資前需要一大筆資金，但現時擁有較少資金的人也可以開始投資了。Betterment、Waterfront 等智能投顧機械人（Robo-Advisor）會根據你的數據和風險選擇、市場變化，為你推薦適合的投資策略和組合。

除了股票債券等外，物業也是受歡迎的投資項目，但一個大單位動輒逾千萬，入門門檻相當高，一般人較難享受樓價升幅的回報。現時，區塊鏈不被篡改、能追蹤以往所有交易等的特點，其應用可以推廣至資產標識化（Asset Tokenization），例如將價值 $2000 萬元的單位分拆 20 等份、每份價值 $100 萬元，透過區塊鏈的標識（token），就能證明你擁有 1/20 的單位業權。

這個標識可在開放平台上，如股票般自由買賣。例如當單位標識升值更 $150 觀元，你就可以在平台售出。除了物業外，貴價品如珠寶、古董等貴價資產也可以使用資產標識化，令未必有實力購買資產的人們，毋須擁有也能投資。

金融初創不論從支付、貸款、虛擬銀行，還是智能投顧起步，最終都會伸展至其他不同金融領域的業務，因為它們既擁有數據，又了解客戶，以大數據愈滾愈大，這是必然的趨勢。

代理中介：
一站式服務平台

痛點：長長的供應鏈造成時間差和低效率，代理、貿易通通是中介角色，負責代理產品，然後轉售給客戶，當中賺取差價。有沒有辦法能令供應商直接找到消費者，倍大雙方的回報？

有！沒有生產任何產品的代理中介即將面臨被消失？但新型中介正陸續出現，它們靠數碼科技，更能一躍而上成為全球估值最高的企業！

高科技平台為客人增值

傳統的中介、整間公司或整個貿易行業都會面臨「非中介化」的風險。如果你是一個中介，你的數碼化轉型便是思考如何轉型成立平台。

前文提及個性化生產，對生產者來說，先有需求才生產，毋須預估訂單數量，就不會因供需不一而造成滯銷和浪費，當然是好事。但對整個產業鏈來說，生產商可以直接聯繫到消費者，那倉庫、物流運輸、總代理、分銷和零售商，通通都不需要了！

例如服裝製造業的產業鏈將會被3D打印顛覆，今早我得知晚上要出席一場重要的宴會，我立即在網上與一名法國設計師討論宴會的安排、晚上該穿著什麼服飾、有什麼人會出席、

會否撞衫、某位明星穿過的衣服是否適合我等等。經過1個小時的討論，確認服裝設計後，我立即可以用AR測試衣服是否合身和合心。沒問題後我便可以付款，並立刻使用家中或便利商店的3D打印機打印衣服，不需數小時，在晚上的宴會上，我便會有一個獨特、合乎自己喜好的設計晚裝。

除了整個製造業外，所以需要中介和代理的行業如保險、地產等，都正在走向「非中介化」（Disintermediation）的趨勢，生產商可以採用數碼科技如AI、AR轉型，創新產品，但沒有產品的貿易商要如何避免被消失？

答案就是轉型成為平台！你仍然是撮合供需雙方的中介，但是你的平台能夠運用高科技，為客戶增值。

Uber、 GOGOX、 Lalamove 大數據創造完美配對

過去車輛與客戶的配對非常失敗，的士找不到客人，客人需要出租車時可致電電召台，但不一定有的士司機願意接客，在街上呆等不是辦法！有時候需要運送三四箱貨物，或是一兩張椅子，需要用上「雞記」、「牛記」等Van仔（小型貨車）。它們通常只有一個電話號碼，致電才能預約服務。但香港人對小型貨車的需求特別大，我們致電小型貨車後，可能會獲得「偏遠不接」、「沒貨車」等回覆。

Uber、GOGOX（前稱GoGoVan）、Lalamove的平台就利用數據將供需兩方配對，一方是需要用車的客人，另一方是的士、私家車（Uber）或個體戶的小型貨車司機（GOGOX和Lalamove）。這些平台全都是數碼化，應用程式已建議當時適合的駕駛路線，可以事前預估車資，乘客和司機更可以在乘車後可以互相評價。在數據累積下來，可以看到某類的司機對某類客戶的評分特別高，使在下一次配對時更順暢更貼心。

交通擠塞、天氣好壞、大型比賽活動，這些因素每天都在影響出租車的需求。使用數據，平台就能靈活調動車群，甚更預先部署車輛，滿足不同的需求。平台以數據分析和數據預測提供了更多中介以外的價值，那就是靈活運用資源、滿足更多人。

除了Uber來自美國外，原來GOGOX和Lalamove都是香港公司，它們的估值都已經超過$10億美元，成功成為獨角獸，而且受投資者青睞，發展到東南亞、內地等不同市場。

Toby
多工種平台
助自由配對

我們有時需要裝修、修理電器、家俬，又或者我想嘗試做美容、按摩、推拿，可能我需要為孩子尋找興趣班、補習班，我不可能清楚了解所有範疇，但要用到的時候需要逐處逐處尋找，相當費時失事，也可能找來「貨不對版」的服務。

另一邊廂，很多美容、教育、維修的相關服務提供者都是自由工作者(freelancer)。雖然他們可能已建立起網上商店、有自己的Facebook和IG專頁，但由於宣傳、資金、地方等問題，仍然難接觸到客戶。

Toby（前稱Hello Toby）發現這類服務的供應商和消費者難以互相接觸，因此它就成立一個新的中介撮合雙方。有專長的工作者可以成為供應方，他們的資料會在網站上清楚地呈現給需求方，消費者就能尋找適合的服務提供者。更進一步的是，Toby 不只是列出所有供應商，而是憑著數據如點擊率、客戶評分，推薦適合你的服務提供者。

當顧客滿意，就自然對平台有信心，除了自己繼續使用，也會推薦朋友，產生同邊效應。有更多客戶使用時，就會有更多供應商登記，產生良性循環，在供求雙方的生態圈都有足夠的吸引力。當到達臨界點時，第三方如廣告商、金融服務商、軟件公司便會想加入平台，利用平台上的生態圈賺錢，這就是網絡效應（Network Effect）。第四章將會再詳談網絡效應的優勢。

亞馬遜
API 打通 AI 產品
打造智能顧問

大家可能曾在全球最高市值的平台之一的亞馬遜購物。表面上亞馬遜只是中介，但它不純是擔任中介的角色，而是背後運用了 AI 進行了許多數據分析，令整體營運和配套更完善，供應商的產品能夠出現在有相同需求的客戶眼前，匹配（Matching）更吻合，雙方更為滿意，整體客戶的體驗大大提升。

亞馬遜的平台也推出了不同 AI 產品，例如智能家居助理小型機械人 Alexa，可以幫助用家在網上購物、預訂飛機票、叫 Uber、檢查戶口結餘等。Alexa 通過 API 系統也就可以與家中的冰箱和洗衣機溝通，形成智能家居的生活模式。

echo

"Alexa, turn it up."

資料來源：Amazon UK

平台的最終目的就是成為客戶信任的顧問（Trusted Advisor）。

為何Alexa如此強大？正因為亞馬遜已收集了不少用家的數據，再加上Alexa收集的數據，以機器學習的模式不斷學習用家的喜好，以及不同場景裡的反應，這種智能機器不只能可以處理簡單的任務，令用家愈來愈信任這個產品，還能成為客戶信任的顧問，贏得客戶，就是贏得市場。

會計和法律：
轉型大數據顧問

痛點：專業人士人工高，收費貴，如何能便宜地獲得專業服務？

會計、審計和律師等專業人士是不少人夢寐以求的工作，因為工作穩定而收入可觀，但根據羅兵咸永道的調查發現，在2030年，現有的30%工作將會被AI取代，而會計和審計工作有相當大的風險被完全替代或大部分替代。

AI運用機器學習去學習會計和審計規則，了解工作流程後，就可以處理文件和影像，將重複而且價值不高的會計工作流程自動化。AI可以閱讀客戶寄來的訂單郵件，理解郵件及訂單內容，之後安排檢查庫存、報價工作，再安排運送、收款和處理發票，所有流程都可以以機械人流程自動化（RPA）完成。

現時審計師可使用電腦輔助審計技術（Computer Assisted Audit Techniques，CAATs），例如ACL、IDEA等軟件，方便抽樣、資料分析、比對等審計流程。過去審計都是依靠規條，不斷查核不同數字，而這些軟件能夠協助觀察數據，甚至是記錄、合同、文檔等資料。當AI發現數據有古怪時，便會提醒審計師。換言之這能為審計師省去很多時間。

在律師的專業上，我們可以運用AI的機械學習和自然語言處理（Natural Language Processing, NLP）協助處理文件、聲音等資料，從而幫助律師更快比對不同資料和案例。現時企業已開始引入Kira、Luminance等軟件整合內部的文件和外部海量的大數據，協助審查法律文檔。

本來成本高的專業人士，現時通通可以換成能24小時的AI機械人，那我們該如何保持競爭力？答案是成為數據科學家，人機合作。

分析數據 成為顧問

Big Four（羅兵咸永道、安永、德勤、畢馬威）都投放了不少資源在AI系統上，亦重新培訓了旗下員工運用AI和區塊鏈的能力。如果審計師和會計師毋須再處理費時和重複性高的工作中，就能節省時間，為客戶提供更多的價值，有更多賺錢的機會。

我先前曾提及現時我們只能夠分析20%數據，剩餘80%的數據都屬非結構性，是現時一般統計工具如Microsoft Excel不能處理的，現在我們可以用AI分析這80%的數據，因此專業人士需要學習上述提及的新工具、閱讀和分析新的數據源，例如電郵的資料、網站的流量和閉路電視的影像。只要你學懂如何和分析大數據，也能向客戶表達，並能就著這些數據向客戶解釋其風險和機會所在，客戶該如何管治和發展，提供專業分析，才能給予顧客更多價值。

DoNotPay 數碼律師
省 $400 萬美元「牛肉乾」

我們可以繼續說說新科技為法律行業帶來的新應用。例如違例泊車被警察抄牌,如果不服上訴,找律師和訴訟費用隨時會比「牛肉乾」貴。一群英國及美國的年輕人合組了 DoNotPay,中文意思是不付款。你可以向 DoNotPay 的聊天機器人發問關於違例泊車的問題,也可把被抄牌的資料(如日期、時間、地點等)發送給機械人,機器人律師(Robot Lawyer)整合所有你提供的和它收集的資料後,交由你向政府提出訴訟。雖然不是直接使用機械人上法庭打官司,但機械人能為客戶節省準備論據、數據、案例和證據的時間。

正如其名,DoNotPay 是免費的,那不收費如何賺錢?平台最厲害之處就是當生態圈內有大量的供求方,它便能利用數據賺錢,例如廣告,如果平台有足夠多人參與,平台便不用擔心賺不到錢。

DoNotPay 在 21 個月完成 25 萬個案件,當中 16 萬個案件成功,成功率為 64%,為當事人節省了總共 $400 萬美元罰款。處理違例泊車只是 DoNotPay 小試牛刀的項目,希望發展到處理其他類型的案件。

資料來源:DoNotPay

合約自動執行
無人可抗拒

商業買賣時需要律師準備合同，又需要律師作證簽名作實，當中因為不同的持分者互不信任，而律師代表信任。先前提到的區塊鏈就是建設信任機器，可以部分取代律師的工作。不同持分者的文檔可以放在區塊鏈，由於不能隨意篡改，不再需要律師證明文檔的真偽。有人要修改文檔時，所有人都會知道，而且必定會留下永遠的記錄，人人可查核，所有過程清楚透明，因此能互相相任。

我們還可以在區塊鏈內建立智能合約(Smart Contract)，即是合約自動化。例如我與你進行一個交易，條件是當3月31日某股股價升至3.5元時，我就會把100股轉移給你，當條件達成，3月31日股價升至3.5元，交易會自動執行，毋須律師提醒我或幫我處理交易，原來律師的工作大大減少。

總的來說，數碼科技好像令專業人士的工作減少，其實不然，在去掉繁複的工序後，專業人士的價值才能突顯出來。

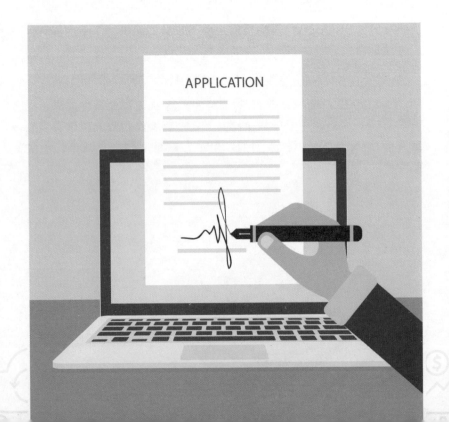

中小企
轉型 3 面睇

痛點：中小企業沒有足夠資金、知識及人才，是否無法做到數碼化轉型？科技反而能令中小企更易轉型，更可藉創新科技突破，加強競爭力！

看了不少在各主要行業的創新科技應用後，你可能會想，大公司才能用得上數碼科技。中小企沒有足夠資金、知識及人才，是否無法轉型呢？非也，科技能令中小企更易轉型，更可藉創新科技突破，加強競爭力？我會在這部分討論如何讓中小企的數碼化轉型變得更可行？我們分為三大範疇：一是電子商務，如何進軍第三代電子商務？如何做好網上銷售？第二是財務管理，雲端科技如何工作流程更順暢，甚至獲得貸款？第三是銀行服務，傳統銀行提出了什麼方案，讓中小企快捷轉型？在數碼轉型中應用這三大工具，可以改善中小企的生意板斧、成本壓力、融資借貸更順暢。

電子商務

手機預先下單：客人毋須排隊

小餐店面積小，沒有堂食位置，也沒有太多位置讓客人排隊輪候，要改善的痛點就是要減少客人的排隊時間，以免他們鼓譟，但同時也要保障食物質素。相信大家都曾到麥當勞購買快餐，以前我們要排隊，但現在點餐已經毋須再排隊，我們可以從中學習科技如何令快餐更快捷，符合客人期望。

第一代的POS（Point of Sale，銷售時點情報系統）搭配電子支付，相當聰明，櫃檯員工在熒幕上點擊即可完成點餐。雖然員工效率更快，電子支付也能節省時間，仍然要排長龍。

第二代的點餐站（Kiosk），客人可以自行在螢光幕點餐及付錢，完成後就會獲得收據，然後等待領取餐點。多了數碼同事（Digital Colleague）幫忙，有助分散排隊隊列，客人等待時間就能縮短，不過在繁忙時間，客人仍要排隊。

如何再分散隊列呢？第三代的點餐方法是毋須排隊！在未到達麥當勞前，你已經可以透過應用程式在手機點餐兼付款，

得到一個二維碼（QR code），當到達麥當勞，可以掃瞄「簽到」，這一步相當重要！因為麥當勞這時才會開始準備點餐，保持食物質素，免被放涼。

應用程式的其他基本功能都齊全，例如把指定食品及分店設定為「我的最愛」、查看營養資料、獨家優惠資訊及相關通知等等，甚至連麥麥送訂餐服務也包含在內。

星巴克同樣也有同樣有手機點餐的服務，但星巴克在客戶下單後就會立即準備餐點，這種做法可能會造成時差，因為星巴克不知道你何時到達，有機會當你去到星巴克時，咖啡可能已放涼了。所以比較來說，麥當勞的方法更加以客戶為中心，不單要求速度快、方便，還要保持產品質素。

Shopify除了助企業設立網店，還提供貸款。

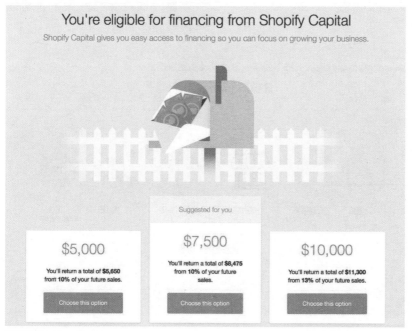

資料來源：Shopify

Shopify：
一站式建立網店

在網上做生意，除了將產品放上大型平台如阿里巴巴、亞馬遜、HKTVMall外，你有沒有想過擁有自己的網站？市場上已有很多軟件，例如在美國上市的Shopify，供企業快速建立網站，功能齊全，毋須自己寫程式，也不用花很多時間設定，就能容易地將業務和產品在網上上架。再加上庫存管理、會員功能、價格的服務，更能整合至社交媒體作推廣之用，你就可以致力於產品上，毋須擔心相關流程。

Posify：
開拓O2O業務

第三代的電子商務講求覆蓋面更廣的服務，打通線上線下，不能只做實體店，也不能只做網店。可能你從實體店開始，現時希望有一個屬於自己的網站，可以介紹公司、售賣及推廣商品；或者你擁有網上商店，沒有實體店，但客人希望可以在實體店體驗產品。不論線上還是線下開始，最重要的是令價格、庫存、推廣達成一致，即是說商店提供線上和線下服務、覆蓋面更闊時，推廣活動、價格保持一致，也毋須擔心庫存問題。

Posify為商店打通線上線下通路，方便管理多渠道銷售。

資料來源：Posify

香港的Posify除了能做到Shopify成立網店和推廣的功能外,其特色是能整合線上線下的服務,所有資料和數據都是實時,不會有時差。在處理庫存上,例如一件衣服的庫存只剩下10件,它可以顯示有多少件是在實體店內,客人可以到店舖試穿和購買,但如果數量出錯,或會令客人失望,所以打通線上線下,就能確保客戶體驗一致。

程式化廣告:
針對目標客戶 命中率高

Shopify和Posify都有提供推廣服務,但如何賣廣告才最有效?現時的廣告不用局限於報紙、雜誌,或電郵推送,我們可以利用程式化廣告(Programmatic advertising),即是根據大數據來分析每個人的喜好及行為,而廣告商清楚知道它們的潛在客戶,並可以將潛在客戶的特徵告訴程式化廣告人員。當目標客戶上網時,廣告就會自動顯示在他們眼前。例如目標客戶為喜歡穿牛仔褲、喝咖啡的男士,廣告會在他們瀏覽網站時彈出來,命中率就更高。

另一種方法是例如平台找到一個喜歡可樂的人,可口可樂及百事可樂需要爭奪這個目標客戶,短時間內會進行拍賣,價高者得,勝出一方的廣告就會出現在客戶眼前。這些全部都不是用人手進行,而是透過數據及自動化處理,令賣廣告變得聰明。

財務管理

Xero：
實時查看財務

先前曾提及雲端好處甚多，你今天在公司、明天在家工作、後天出差，現時都不用隨身帶電腦，因為你只要用世界上任何一部能上網的電腦，都能登入雲端，找到你需要的資料。例如突然要尋找某客戶的帳單，如果有網上備份，更能快捷找到資料。除了資料外，利用SaaS，數據、硬件和軟件都能存放在雲端。

Xero是較有名氣的雲端會計系統，主打實時財務，這個軟件簡單易用，雲端的數據中心也完成信息安全和備份。無論你身在何地，都可以輕鬆找到會計系統內的紀錄和資料。此外，系統會提供各層次的分析和報告，例如客戶買賣資料、喜好；在沒有侵犯私隱的情況下，會根據使用其雲端服務的各間企業數據，分析眾多客戶的方向或模式，並分享予Xero用家。當中小企未必有足夠資源聘請專業人才，也能透過Xero系統獲得更多數據和分析，令商店在設計產品、訂貨上都有一定的好處。

Kabbage：
中小企更易借貸

一般中小企都有借貸需求，需要現金流，以往需要遞交訂單資料，銀行再根據公司的歷史及信譽，再批出貸款。倘企業沒有足夠訂單及歷史數據，就難獲批貸款。現時，Kabbage之類的初創，會透過查看中小企在Xero、Intuit、Sage等雲端會計系統，以及在Shopify、Postify等網店，和快遞合作伙伴的數據，分析瀏覽量、訂單、庫存等數據，然後建立模型計算公司風險、應否借款、利息及還款期。這些金融初創，利用大數據計算中小企的信貸評級，批出貸款，令很多企業受惠。

Kickstarter：
眾籌集資

當你想做一個有把握兼有意義的項目，但現時只有原型（Prototype），想讓全世界看到你的項目，也需要現金流再進行研究和營銷，你可以使用「眾籌」（Crowdfunding）的新興集資方法。著名的Kickstarter現時已經有4萬多個項目，在集資期內，如果有人對項目有興趣，可以預購，並可在生產後獲得產品，而且其他人也可以對項目提出意見，達到共創效果。眾籌十分有意義，令全世界的創新者有機會將他們的創新理念面世。

資料來源：Xero

Kabbage顧客量持續增加

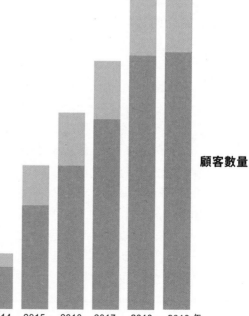

顧客數量

■ 新客人
■ 回頭客

2011　2012　2013　2014　2015　2016　2017　2018　2019 年

資料來源：Kabbage

銀行服務

匯豐：
API 戶口直達雲端軟件

大型銀行如匯豐銀行近年積極支持創科生態圈，開發更多創新科技，例如支付平台 Payme、聊天機械人 Amy、舉辦創科峰會（Innovation Summit）及 API EcoBooster 初創比賽等，它亦積極協助中小企數碼化轉型。

Sprint 戶口與傳統企業戶口不同，匯豐已經為中小企篩選了較適合的初創創新，例如雲端會計系統、開設網店平台、銷售產品的軟件供應商等，並通過 API 整合至 Sprint 戶口。如果企業已正在使用 Xero，可透過匯豐商務「網上理財」將銀行戶口連繫至 Xero，銀行結單數據會每日自動和安全地傳送至 Xero 平台，有助企業全面掌握財務狀況。此外戶口也可連至 iMGR 雲端人力資源及薪酬管理軟件，就可以在平台上處理僱員薪金和強積金供款，並作出支賬指示，用一個更簡單、

匯豐機匯（HSBC VisionGo）應用程式

資料來源：HSBC

快捷的方法管理員工的薪酬發放。匯豐利用自己的強項、與初創的創新方案合作，讓中小企可以方便、快捷、低成本地運用到這些數碼科技，達至三方共贏。

匯豐機匯（HSBC VisionGo）是一個最近推出、專為中小企而設的平台。中小企可以在平台上發布自己的資料，提升在

商界、甚至潛在客戶的曝光率。它們還可以透過舉辦活動，讓平台的個人、初創和大型企業用家參加，例如透過面對面的交談，參加者能夠更了解中小企業，建立交流、互相交流和創造商機。參加者將來有機會成為你的潛在客戶或商業伙伴。

匯豐舉辦創科峰會。

資料來源：HSBC

JETCO：
實時API一條龍服務

除了匯豐及恒生銀行，香港大部分銀行都使用銀通（JETCO）系統。JETCO推出APIX系統，以API接駁到銀行的系統和初創企業的應用，打通不同系統，達到一條龍服務，為共同客戶（中小企）提供更佳體驗。

例如在一個新的應用程式，一個按鈕是讓我查看銀行存款、借貸、保險、強積金的情況；另一個按鈕讓我預訂酒店和機票。在同一個應用程式內已經可以完成多項工作，毋須開啟不同的應用程式。

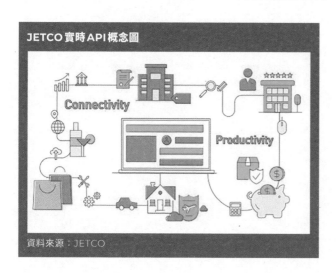

JETCO實時API概念圖

Connectivity

Productivity

資料來源：JETCO

第 4 章

突破傳統思維
5 大致勝法則

富士康研發了很多機械人，將勞動密集型生產改變成機械化生產，大大降低人力成本，亦能降低產品出錯的機會。雖然好處甚多，改善工作效率外，但這並不是數碼轉型！因為企業離不開量產，生產大量相同的產品，仍然符合不到現時市場追求的個性化產品！

常用的競爭策略及擁有的核心能力已經不能保證我們在數碼時代能夠持續發展。新時代也需要新管理思維！在本章，我整合了一些新時代趨勢、對數碼科技的誤解和技巧，讓大家可以參考，更能制訂適當的轉型策略和方向，快人一步奪得競爭力。

創新
不忘客戶痛點

「如果我有 1 個小時，我會用 55 分鐘了解問題是什麼，餘下 5 分鐘才想解決問題的方案。」—— 愛因斯坦

偉大的科學家愛因斯坦曾說，如果我有 1 個小時，我會用 55 分鐘了解問題是什麼，餘下 5 分鐘才想解決問題的方案。當發展數碼轉型時，我們很多時會卡在創新科技上，但必須記住，服務的對象是顧客；思考

創新前，我們應先了解客戶以及其需求。客戶有什麼需求？有什麼尚未滿足的需求？痛點到底有多「痛」？定義的痛點不同，所使用的創新和科技也是完全不同！

先搞清痛點所在

首先我們要搞清楚客戶的需求，搞錯客戶需求，無論你有多創新，也是沒用！舉個例子，一個大型培訓中心裡有燈泡和光管，平日都是壞了才更換。在某個星期日，中心為一家跨國企業舉辦大型STEM課程，員工從全球各地飛奔而至，若當天燈泡壞了，賣燈泡的店舖也關門，維修員也放假，那就糟糕了！課程不能進行，跨國企業不滿意，這對公司品牌的影響極大！

那客戶的痛點是什麼呢？

✔ 24x7支援維修服務

✔✔ 24x7生產力、教室能正常運作

飛利浦（Philips）定義的客戶痛點並不只是壞了硬件（燈泡）要怎麼辦，而是要保障公司的生產力，一切正常運作。因此，飛利浦便不再以價錢便宜和服務到位來競爭，而是推出了光即服務（Light as a Service, LaaS）的方案，主張讓客戶一直保持足夠的光，不會有失去生產力的機會，同時也能省電及環保。

企業創新排名與投資不成正比

	創新排名	研發開支佔企業收入
蘋果公司	1	5%
亞馬遜	2	13%
Alphabet	3	15%
微軟	4	14%
特斯拉	5	12%
三星	6	7%
Facebook	7	19%
英特爾	9	21%
諾基亞	10 以後	21%

資料來源：Strategy+Business

客戶以付月費的模式購買飛利浦的服務，保證有足夠硬件和維修員服務客戶。飛利浦同時會用上傳感器收集數據，和其他大數據（例如氣溫、同業使用燈泡的程度）來預測燈泡的壽命，在燈泡還沒壞的時候便更換，才能一直保持公司的生產力。

創新是決勝點

▌當你和競爭對手都同樣了解客戶的痛點，科技和創新的能力才會成為決勝點。▐

當你和競爭對手都清楚客戶的痛點後，誰是贏家，就是在於科技和創新能力。如何使用科技創新解決問題？當客戶需求改變時，我們又如何創造一些更加適合他們的產品呢？

很多人都可能以為，創新需要花費大量金錢。研發開支佔企業收入百分比愈高，創新能力就愈高？我們可看看統計，蘋果和亞馬遜的創新能力屬全球數一數二，但所花的研發開支分別佔收入的5%和13%，相

反投入超過20%收入在研發的英特爾和諾基亞，創新排名亦不高。

永遠跟著市場走

▌「左右圈」的理論，左為顧客需求，右為公司優勢，最理想是這兩個圈是100%重疊，但市場會不斷變化，左圈會不斷向左走，重疊的部分就會愈來愈小，最終變為兩個分開的圈，意即公司失去市場，也失去能力優勢。▐

小型企業倒閉最大的原因，是市場不再需要它們。起初企業看見需求、開發產品，當痛點解決後，新需求又出來了，企業無法跟著市場走，就會被淘汰。香港中文大學陳志輝教授的「左右圈」理論，清晰說明了顧客需求與企業能力匹配的重要性。

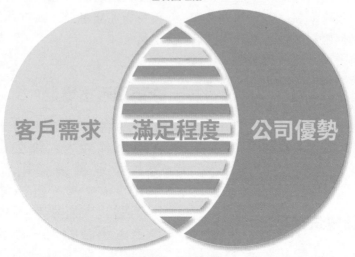

左右圈理論

客戶需求　　滿足程度　　公司優勢

資料來源：陳志輝教授

左圈是顧客需求，右圈是公司和產品的優勢，兩圈重疊，就是公司能滿足顧客的程度。最理想是兩圈完全重疊，但市場會不斷變化，左圈會不斷向左走，更甚的是右圈同時不斷向右走，當重疊部分愈來愈小，最終變為兩個分開的圈，意即公司失去市場。因此我們必須緊跟左圈的發展，認清顧客所需，再想創新科技，才能持續發展。

當我們了解到客戶的痛點和需求，也能用創新科技突破，創新尚有一個環節，就是商業模式，這種創新科技能否為客戶和公司帶來價值？公司能否受惠？能否賺取盈利？這都是創新者需要思考的問題。

平台效應
打造高速「飛輪」

數碼時代可以賦予機會給少資產的公司，它們不需要車、機器或廠房，而是可以用比較便宜的大數據輕資產，創造平台效應和飛輪效應，形成高競爭門檻，使對手無法追上。

資產是用來生財，舊經濟時代的資產是工廠、機器等重資產。生意要成功，首先就要花大量資金購入機器，再以機器生產貨品出售，以「錢搵錢」。但在數碼時代，數據就是新石油！沒有資金的公司、特別是初創，反而可用輕資產以小擊大，不需要事前巨額投資硬件，只要善用創科和新商業模式，就能做生意了。

創新獨角獸沒持有重資產

Uber	airbnb	Whatsapp、Wechat	阿里巴巴
全球最大出租車企業	全球最大短期住宿平台	全球最多人使用的通訊軟件	全球市值最高的電商平台
~~的士~~	~~房地產~~	~~電訊設備~~	~~存貨~~

Facebook	SocietyOne	Netflix	Apple、Google
全球最具影響力的社交媒體平台	全球發展最快的P2P貸款機構	全球最多人使用的網上影院	全球最大的軟件廠商
~~內容~~	~~實際借出資金~~	~~電影院~~	~~應用程式~~

GE向輕資產轉型

根據統計，2009年估值最高的公司都是能源或金融的公司，但到了2019年，全球十大市值最高的公司裡，7間是科技公司，輕資產的初創冒起，這些企業均以大數據建立平台型企業，並不是銷售單一產品，甚至沒有產品或服務，而是新型的中介數碼平台，它們不只注重科技的研發，也運用科技與創新建立新的商業模式，愈來愈多用家加入，而重資產的公司幾近陷入劣勢。

通用電氣（GE）是全球最大的工業設備生產商，設計及製造工廠、飛機、醫療設備等，屬重資產的領導者。重資產公司會繼續在數碼時代存在，但優勢將逐漸減少，需求是被平台企業控制，所以品牌生產商將處於被動角色。

現時GE正在發力，過去以硬件為主，現時想在輕資產內做得更多。它也不只是售賣硬件，而是將物聯網（IoT）合併在設備內，可以收發數據，將產品價值提升，這也可以為幫助生產商客戶進行數碼轉型，產生另一門的生意。

物聯網設備可以收集數據，加上大數據分析，可以預測機器什麼時候會壞掉，就像飛利浦的光即服務，能在損壞前先換掉，能保障客戶的生產線不會停頓，生產力不會受損。

大數據能提升估值

新企業都使用數據為主的商業模式。累積數據用作分析，可以建立推測的模型，例如金融業的定價模型，這些都是相當具價值。現在會計師在評估公司的資產負債時，不再只看硬件，還會看它擁有的數據量和模型，再量化它們的商業價值。我不排除將來的資產負債表內，會有幾個關於擁有數據價值的項目。

若數據有價值，就可以達到數據貨幣化（Data Monetization），便可以被交易了。我可以賣數據給別的公司謀利，不同公司可以買賣不同數據，令彼此可以擁有更多的數據擴充生意，擁有更多的數據，便有更多的可能性。若數據有價值，也就有升值潛力，若數據有價值，我就能提供數據分析，為其他公司做更精準營銷。

飛輪效應
企業愈滾愈大

客戶感到企業的好，便會願意分享更多自身行為和喜好給這企業，而企業分析數據後更會提供更多更貼身的服務給予客戶。

當然，大數據的重要性並不只如此。數據是需要累積的，取得數據後，企業就能分析客戶的需要，提供適合的介紹和推薦，為他們給予貼心的服務，客戶感受到企業的好後，便會信任公司、繼續光顧，提供更多自己的行為和喜好，企業就能分析更多數據，提供更適合的服務，這就是大數據的良性循環（Virtuous Circle），衍生出高效能的核心競爭力，這在舊經濟中的產業和公司是很難達到的。

數據除了能令客戶愈來愈信任平台，如果能夠有效利用大數據，數碼平台就能夠成為客戶最信用的朋友。客戶就會介紹更多朋友加入平台，也能吸引更多客戶光顧，令同邊的網路效應出現，客戶的數量會如雪球愈滾愈大。

大數據形成的良性循環

顧客不斷回頭

平台收集更多數據

分析顧客喜好，推動產品創新

平台推出更佳貨品

更受顧客喜愛，投入度更高

飛輪效應概念圖

資料來源：FourWeekMBA.com

如果平台可以從大數據整理和分析出客戶的模式，除了能滿足客戶，也能吸引愈來愈多產品或服務供應商願意在平台上進行買賣，或者賣廣告，甚至買入平台的數據進行市場推廣。當有更多供應商加入，就能吸引更多客戶，形成飛輪效應（Flywheel Effect）。

平台網絡效應

平台客戶和供應商的規模都愈來愈大時，就會有第三方的加入。例如使用Google開放了Android作業系統，引入三星等手機供應商推出Android手機，愈來愈多用家使用Android手機，就能吸引了愈來愈多軟件公司開發Android的應用程式。

以上例子服務的有客戶、手機供應商和軟件開發商，當平台愈滾愈大，這個網絡效應的效果就愈大，三方面都能賺取價

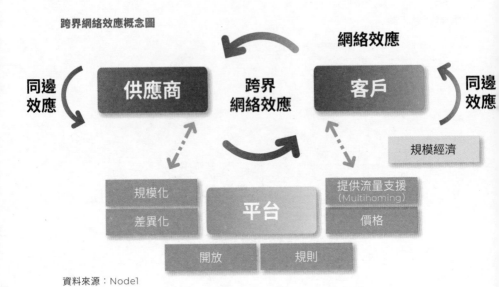

跨界網絡效應概念圖

網絡效應

同邊效應

供應商

跨界網絡效應

客戶

同邊效應

規模經濟

規模化
差異化

平台

提供流量支援
(Multihoming)
價格

開放   規則

資料來源：Node1

值，例如第三方軟件開發商的應用程式增加被使用和收購的機會。而最大得益者當然是Google！因為它能授權別人使用平台，而且還持有主導權，而不會分散於其他的持分者；也能透過AI收集和分析大量持分者在平台上互動的數據。這種商業模式要通過平台才能實踐，而平台台主絕對是最終的得益者，這就是平台公司登頂的主因。

擴散平台
創交叉銷售

Uber作為出行平台，擁有很多客戶，能夠吸引到大量司機，和想找外快的周末駕駛者，不但解決了出租車的需要，也讓司機毋須浪費時間和油費找客，和解決工作不足的問題。由於這個平台同時解決兩方的痛點，雙方都信任平台，構成良性循環，使平台規模愈滾愈大。

當平台擁有足夠客戶和供應商，能收集到用家的出行數據，加上其他交通數據，就能分析客戶和細分市場的需求，例如外食習慣和取態、保險、金融產品服務、快餐店的推廣等的調查，可為第三方作出更加精準的營銷或廣告，第三方企業將被吸引到平台上，願意合作。

除了吸引第三方合作，Uber更能透過分析數據，開發送餐服務——Uber Eats，服務餐廳、食客等用家，能夠提供更多更好的的服務，甚至能吸引新的客戶。平台的實際資產不增，但平台的規模愈滾愈大，對於多方面持分者的價值也愈來愈高。

數據是平台核心競爭力

> 數碼時代的新型平台有能力收集及分析大量的數據，令客戶和會員愈來愈滿意，而供應商愈來愈願意提供貨品。這個良性的循環形成高門檻，使競爭對手很難追得上。

所以如果一個平台不利用和分析大數據，只會是一個普通的中介媒介。與舊式的中介媒介不同，新型平台都是小規模起步，不是大公司才能成為平台，但它們有能力收集及分析大量的數據，令客戶和會員愈來愈滿意，供應商愈來愈願意使用這個平台賣東西。這個良性循環形成一個高門檻，使競爭對手很難追得上。平台的商業模式現在這麼成功，能夠霸佔市值高，就是使用了大數據的良性循環。

數據就是平台的命脈，只要持有足夠多大數據，擁有好策略，便有很多方法賺取利潤。因此新型的中介數碼平台比舊平台更有價值，它們並非只是中介平台，而是擁有數據、能主導市場的王者。

Marketing 4.0
病毒式低成本營銷

千禧世代的年輕人是本土數碼人（Digital Native），習慣了在社交平台上分享及參與討論，所以當品牌要推出產品時，只是單方面的推銷是沒有多大效果的，需要令客戶有一定的參與。

廣告量已不再是與回報成正比的時代！我們的宣傳要更貼近客人，就要先了解未來生意的客戶、現時年輕人的生活方式。他們是本土數碼人（Digital Native），與互聯網一起長大，習慣了使用社交平台參與討論，所以當品牌要推出產品時，就必須要在社交平台發揮影響力。

營銷的4個階段

著名營銷書本作者科特勒（Philip Kotler）為新時代定義新營銷的4個階段：

 漁翁撒網：

使用電郵等的單方面形式推銷；

 細分市場：

因應地區、性別、年齡等不同市場，使用更適合的宣傳方式和用字；

 更精準的細分市場：

以大數據創造Segment of one，每一個客戶都是一個細分市場，提供個性化產品和服務；

④ 病毒式傳播（Viral Effect）：

又稱社交作用（Social Effect）。供應商通過不同的社交媒體了解客戶的需求，能給予更加好的回饋，從而改善產品和服務。更重要的是通過互動，使客戶或潛在客戶更投入，取他們的信任。

前三代的營銷都以「推送」（Push）為主，但從公司角度來說，未必能選中目標客戶，在客戶角度而言，天天收到廣告也很煩厭，可能造成反效果。因此第四代營銷是拉動（Pull），利用社交平台的互動和影響力。通過公司和客戶的互動、客戶和客戶之間的互動，慢慢交流便會建立信任和話題性。如果一個用家能夠影響他的朋友，能夠在互動帶出產品的訊息，便會一傳十、十傳百散播出去。當這些互動影響到潛在用家，引發他們的的興趣，他們便會主動回頭詢問公司的產品。

Nike 4.0營銷策略

Nike始創者是一個跑步家，他發現跑鞋跑得不舒服，希望研發一對適合長跑的跑鞋。由1964年開始，至今公司已發展至全球知名的運動品牌。我們也可以從Nike多年的發展史，分析其營銷策略。

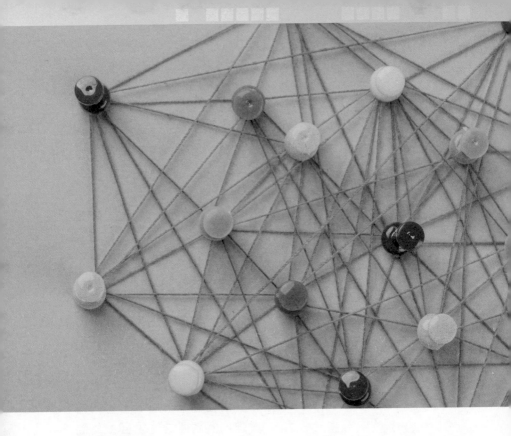

❶ 做好產品：

研發合適的跑鞋，贏取用家信任；

❷ 細分市場：

研發適合不同運動的鞋子，例如籃球鞋，以 Air Jordan 作宣傳；專為女士設計的運動鞋子，推出 Nike Women；

❸ 更精準的細分市場：

發展 Nike ID，每一個人都可以設計自己的鞋，做到個性化和客製化的鞋子產品；

Nike 發現，數碼時代是以年輕人的互動為先，空有數據，前三代的做法，沒有互動，仍然是不足的。要如何與年輕人互動呢？它就用上現時流行的可穿戴設備（Wearables）透過數碼科技，心跳、運動數據可以連接至應用程式，和健身室的設備，數據可與數據溝通；也建立社區（Community），讓用家可以看見其他朋友的數據，一起制訂運動計劃、訂立飲食餐單，人也可以與人溝通，擁有足夠數據，就能邁向第四代的營銷。

❹ 建立平台，了解需求：

組織Nike+和 Run Club，讓運動愛好者能在社區內互動，再利用平台的張力和互動帶出痛點，比如用家希望跑鞋更透風或防水，Nike便可以基於這些需求去設計新產品。

在2020年Nike更換了行政總裁，多納霍（John Donahoe）是eBay前行政總裁，是矽谷創科公司的人才，我們預計將來可以看到Nike更多的數碼化轉型，如何利用互動、社交影響和病毒式傳播，創造拉動式營銷。

AIA 互動式行銷

保險公司AIA則成立社區平台AIA Vitality，透過討論日常健康及舉辦活動，在社區製造互動，參與者可以社區交流和互動，比如有人說到了40歲就開始有椎間盤突出，另一人說到因為沒有購買醫保，所以之前到醫院治療花了數萬元，另一人就會帶出之前購買某公司醫保的經歷，從而帶動生意。AIA還舉辦健康活動，若會員能達到指定的保健目標，就可以賺取積分，減省保費或換取其他禮品。

AIA Vitality 為會員訂立積分計劃

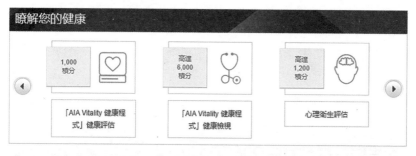

資料來源：AIA Vitality

由於平台能建立信任，就能產生不同的數據分析和了解客戶的日常安全和健康，再加上外界的數據（例如從市場購買的、合作伙伴的，甚至是政府開放的數據），便能更全面地分析客戶的需求。更重要是公司可以藉此開發設計新的保險產品。因此社交平台不是直接用來做生意的，而是令營銷從推送變成拉動，讓客戶主動尋找公司產品，更可以凝聚數據，了解客戶或潛在客戶的需求，設計更合適的產品推出市場。

總括而言，過去大眾追求潮流或大品牌，鋪天蓋地的廣告和知名代言人或者能夠吸引大量的買家，可是現時大眾、特別是消費主力的年輕人，愈趨向信任互聯網上的同輩朋友及網紅（KOL）。當選擇產品時，會依靠平台去了解產品，而不是相信品牌誇讚自己的說法。由於「去品牌」漸成趨勢，公司品牌的價值將愈處於被動，我們需要做好平台，建立客戶信任，才是行銷的競爭力。

「數碼牽引力」
評核數碼人才

你在 Google 見到一個很有創新能力的工程師，並希望挖角，這就能促成數碼轉型？大部分做法都以失敗收場！因為公司的文化、思維及制度不能讓他發揮所長，人才最終只能意興闌珊地離開。

假若一家公司能夠做好數碼化轉型，必定有數碼人才。除了吸引人才外，企業也要用什麼方法去保留和評核人才？換位思考，假如你是打工仔，什麼才是你的競爭力？

吸引人才：楊三角概念

▊要找到好的創科人才，我們就要積極參與初創的生態圈裡，與他們多一些互動。在互動的過程中，便能有機會找到一些合適的創科人才加盟公司。▊

很多優秀的創科人才通常是在初創工作、甚至是始創者，他們擁有創新能力，知道如何運用科技解決客戶痛點，也已經經歷過如何測試產品和市場規模化。這些人才的價值甚高，公司可以從中挖角，學習他們

楊三角概念圖

員工思維

員工能力　　　員工治理

資料來源：楊國安教授

的思維模式，有助公司推動創新。積極參與初創生態圈，例如孵化器、加速器，就能與這些人才互動，有機會能挖角加盟。

引用中歐國際工商學院楊國安教授的「楊三角」概念，可以分析如何吸引和保留數碼人才。第一個角是員工能力，到底他是否具備前面數章提及的數碼科技知識、會不會創新？但人才有這般能力，也不一定能發揮到。因為公司的管理思維缺乏了楊三角的其餘兩角。

第二個角是員工願不願意為公司付出，這除了關乎薪水和福利，也講求員工的思維能否與企業文化合得來。公司大部分同事的思維文化是否能和這名有成功初創經驗的人才配合呢？

除了同事外，第三個角亦同樣重要，公司的流程、決策和賦權，甚至是激勵員工的方法，能否讓暢心地人才發揮？會否有諸多制肘，讓員工無法發揮所長？公司需要容許人才發揮，他們才能貢獻公司。

由初創發展至今，來自深圳的邁瑞醫療已成為全世界中端醫療設備的領先生產商，它也是利用了楊三角吸引人才。公司找到一些很有能力的工程師，工程師覺得工作環境良好，公司的文化思維也十分鼓勵創新和尊重創新技術人才。整家公司的管治是以授權為主，信任員工並容許失敗，讓員工覺得被尊重，亦被鼓勵不斷研發，因此，公司就能保持優秀的科技人才，並能不斷研發新產品推出市場。

團隊的多樣性與偶然性

成功的創新通常夾雜了跨行業的經驗和點子，當面對客戶痛點、希望引入創新時，除了外部聘請外，也需要在內部調動其他團隊，當中可以引入不同種類的人才，不是死板地只是要求銷售部門去解決問題，而是敏捷管理。例如，零售業的創科團隊不一定需要每個人都來自銷售部門，也可引入創科、設計、會計等人才。

我們可從著名設計公司IDEO學習敏捷管理，他是設計思維（Design Thinking）的始創。當公司設計一個新產品的時候，因著客戶有不同的需求和痛點，公司會以人為本的設計精神，考慮客戶的需求，也考量項目在科技或商業上的可行性，再不斷地測試並運用同理心來理解客戶。因此，他不只要求一個部門解決問題，而是成立一個特別隊伍（Hot Studio），抽調不同種類的人才，策略高手、技術高手、法律高手等。

KPI：數碼牽引力

我們現時會用收入、利潤、成本等因素評估員工績效。但對於創新團隊，我們需要不一樣的KPI，即是能否做到數碼牽引力（Digital Traction）。

數碼牽引力可用來測量數碼團隊的貢獻，即指公司的口碑。能否與客戶構成互動（參與度）、客戶是否投入公司平台或生態圈（投入感）、是否活躍使用平台和產品（使用次數）均是比較重要的量度指標。

Give and Take 的
共贏思維

大部分傳統企業因為內部的文化思維，未必培養出創科人才，同時也不夠貼近市場的變化，從而讓這些初創找到機會解決這些市場問題，逐漸發展成愈來愈大的規模。

我們理解到運用創新和科技來解決痛點問題的重要性，而除了內部培養人才外，也可以利用外部合作伙伴來達成共創（Co-creation）。共創的價值就是讓我們更好地滿足客戶的需求。

全球獨角獸進入主流

在數碼科技的時代，初創企業對科技的敏感、對創新的嘗試和失敗（trial and error），令它們跌跌碰碰地研發方法去解決市場的痛點。愈來愈多初創成功了並成為估值逾$10億美元的獨角獸。

我也有一個看法，現在龍頭的科技公司，例如Google、Facebook、亞馬遜、阿里巴巴和騰訊都不是從傳統大企業發展出來的。大部分傳統企業因為內部的文化思維，未必培養出卓越的創科人才，同時也不夠貼近市場的變化，從而讓一些客戶導向的初創找到機會解決這些市場問題，逐漸發展成愈來愈大的規模。

獨角獸一方面是競爭對手，另一方面也可以是合作伙伴。不論大企業還是中小企業，要在這個數碼時代贏得競爭，不能只靠自己。最重要是客戶永遠第一，能幫助客戶，便能勝過對手。

香港的創科生態圈

創科生態圈裡有賦予和索　取(give and take)的特性，很多時候參與未必能立刻有交易或取得利益，大家都是通過互動溝通、交流及合作協同來擦出火花，讓整個生態圈裡的每一個利益相關者都能夠取得價值共同發展。

企業與創科生態圈協作，為客戶共創價值

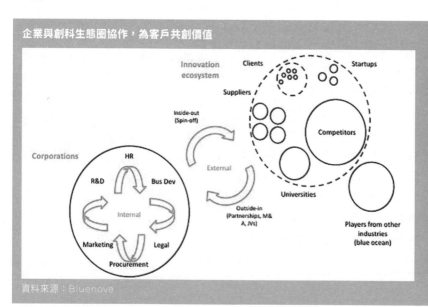

資料來源：Bluenove

香港在過去20多年都是世界領先的商業城市之一，但在創新和科技仍然落後。大約5年前開始，我們一直聯繫及鼓勵不同行業協同，建立了一個創新和科技生態圈。 香港特區政府創科局、香港數碼港、香港科學園、香港應用科技研究院、香港設計中心，還有很多公型和私型機構積極培養初創企業和促成與企業協作。不少行業工會如香港工業總會、香港銀行學會、香港零售學會、香港貨品編碼協會（GS1）等都已成立了專門負責創科的部門，希望幫助會員和創科的生態圈能夠融合。

投資界如個人投資者或初創的風險投資者，政府或大企業成立了資金，如阿里巴巴$10億港元的創業基金，協助初創企業籌集資金。WHub之類的社區平台為創科界的朋友建立了一個可以互相交流的聚腳點。

共創：
與初創合資開拓新市場

▌在創新的過程中可能會衍生了新的研發結果，未必能解決原來的問題，但是可以解決另外一個市場問題，可分拆另外一間公司或者與初創合資來開拓這個新市場。◣

創科生態圈內有賦予和索取（give and take）的特性，很多時候都不是涉及商業交易或利益，大家通過互動溝通、交流及合作協同來擦出火花，讓整個生態圈裡的每一個利益相關者都能夠取得價值，共同發展。整個行業，以及一般中小企和傳統大公司，也能夠運用創科來發展。有賴於各方合作，5年後的今天，我們已擁有9家獨角獸。這不僅是初創企業的成功，許多企業現在正與初創企業合作，共同為自己的公司和客戶創造價值。

例如香港應用科技研究院擁有很多創科專家及專利，它們與大小企業協作，共同研發新科技及產品。在共創的過程中，可能衍生新的研發結果，就可以授權其他公司或分拆新公司，有助開拓新市場。研發部可以直接應用研發結果，也可以授權給其他公司應用，大家不需要從零開始，就能通過授權合作使用創新。

白標：
授權企業運用創作

創新也可以白標（white-label）形式出現，這也是創科的生態圈的日常。例如 CoverGo 是香港一家保險科技初創，雖然它有自己的品牌，但很多時會以 B2B 模式與保險中介合作，推出網上服務和系統。保險公司可以透過 API 使用 CoverGo 的內部系統，有助保險公司可以更快轉型數碼化，對目標市場更快推出不同的線上保險服務。

第 5 章

學習
創新科技
的方法

前面數章談及了創新科技的概
念、應用的好處和其衍生的商業
模式，相信大家都已經明白學習
創新科技才能獲得競爭力。要怎
樣學習相關技能？要入門，首先
可使用網上的免費課程，大多容
易上手，也可自定學習進度，方
便打好基礎；如果想進一步獲得
認證或學歷，雖然行業暫時未有
全球統一的執照，但也可以報讀
大學培訓課程，專業機構也有提
供不同種類的證書考核應用科技
的程度。

但要記住，創新並不是一般刻板
的硬知識，科技是不斷變化，今
日學習了的科技未必足以應付明
日的挑戰，因此我們需要終身學
習。積極參與創科生態圈才是
最重要，生態圈內有不同創科公
司和人物，如初創公司的始創
人、投資者、數據科學家、企業
家等，人與人的交流足以刷出火
花，創造良好的化學作用，創造
共贏。

免費資源
助快速上手

要打好基礎，線上資源就是最方便的。網上有不少免費內容，適合繁忙的都市人隨著自己的程度、興趣、時間及步伐而自定學習進度（self-paced）。

大學課程免費學

不少大學已成立大規模開放線上課堂（Massive Open Online Course，MOOC）平台，精簡或細分其線下課程，並放至網上供人學習，學生可以自訂學習進度。在2019年，全球有1.1億人

在不同MOOC平台學習，以下是最受歡迎的MOOC平台，大家不妨多多善用。

MOOC平台

MOOC平台	特點
MOOC List	搜索MOOC課程資源
Coursera	提供知名大學的線上課程，課程涵蓋不同領域，大多影片提供字幕
edX	
Udacity	職業導向課程，主打實踐學習（learn by doing）
FutureLearn	學習模式注重師生、同學之間的互動

手把手學用龍頭軟件

Google、IBM、微軟等科技巨頭致力提供科技的普及教育，安排免費培訓和講座，亦提供認證，讓大家以手動（Hands-on approach）學習數碼世界的新技能，內容涵蓋公司旗下最新科技的使用方法以及其應用方式。

視像化學習科技概念

YouTube、Ted Talks、 無綫財經資訊台等平台上有不少知識型的影片，你可以透過評分、上載日期、觀看者評語和推薦選出適合自己的影片來學習。我特別推薦 Ted Talks，影片長約數分鐘至十多分鐘，而講者的演講技巧相當好，內容深入淺出及富啟發性，可助你短時間內明白艱深的科技概念和知識。

科技巨頭學習平台

學習平台	特點
Google Digital Garage	約有 20 個課程，涵蓋內容營銷、數碼廣告、Google Ads 應用等
IBM Skills	提供 IBM 技術訓練課程和活動，內容涵蓋 AI、統計、區塊鏈、財務、網絡保安等
Microsoft Learn	學習使用和應用微軟產品如 Azure、Power BI、Microsoft 365

主要媒體平台

媒體平台	特點
Ted Talks	透過 10 至 20 分鐘的演講，可以聽到來自全球的藝術家、科學家、設計師等分享該領域的最新發展，例如李開復談 AI 與人性
TVB 創科導航	介紹全球科技及技術發展的資訊節目，例如本地如何運用新科技、潮流電子產品趨勢、新創公司介紹等，和外國科技界流行現象等
YouTube Talks at Google 頻道	收錄各領域的名人到 Google 演講時的影片

線上研討會：
專家解構最新科技熱話

無論你身在何地，只要能上網，都可以參與線上研討會，全球的創新專家會分享最新創科資訊。兩大創科研究公司Gartner及IDC的研討會和報告會介紹每一個新科技的內容，也會分析該科技的前景和趨勢，不斷跟進該科技在市場上的應用程度和接受程度。CB Insights則面向投資者，尋找初創企業和新興科技的明日之星，分析初創企業的估值、表現和市場趨勢，部分為付費內容。

此外，香港各大商會和協會、香港貿發局都會舉辦研討會，邀請嘉賓在網上分享業界資訊。線上研討會提供最新創科資訊，專家分析市場脈搏。登記參加研討會後，程式會自動記錄在行事曆行程，十分方便。

主要線上研討會

機構	特點
Gartner Webinars	關注市場動態和企業策略，近期影片包括如何利用AI驅動商業策略、提高商業模式的應變能力以創造新業務、快速降低IT支出的10條規則及應用等
IDC	研討會內容眾多，如顧客體驗、企業轉型、雲科技、AI、物聯網等，制訂企業發展策略
CB Insights - Webinars & Events	主打預測初創和新興科技的前瞻發展

顧問公司	特點
McKinsey Insights	為企業和管理層提供行業前瞻分析
Digital BCG	協助企業向數碼、科技和數據轉型
Deloitte Technology	為科技、媒體、娛樂、通訊產業行業意見

顧問報告：一文讀懂商界趨勢

麥肯錫(McKinsey)、德勤(Deloitte)、BCG會定期發表針對數碼策略、經濟、科技及案例的報告，並放在網上供大家閱讀，由於讀者對象是商界人士，適合沒有科技背景的人閱讀，除了分析創新科技的應用和回報外，也能學習如何了解不同市場的痛點。顧問公司寫及創科的報告，內容質素有保證，容易明白，特別適合商業領袖閱讀。

社交平台：與同好互相交流

社交平台的重心是凝聚力，來自全球各地、志同道合的人會在LinkedIn、Facebook、微博等平台組成「社區」(Community)。社區以意見領袖(Key Opinion Leader，KOL)或行業專家(Subject Matter Expert，SME)為首，不時發布新資訊。你可以在社交平台關注(Follow)他們，獲得相關消息。你也可以在社區，與其他熟悉或正在學習相關科技的人互相交流。

5.2

考獲
專業資格

相對線上免費資源，具認證和學歷的課程所花的時間和金
錢較多，在選擇課程時也需要更周詳考慮。

1. 大學課程

大家挑選課程時，應考
慮課程設計和自己的需
求。由電腦和工程學系開
辦的課程，著重工程和科
技知識；由商學院開辦的
課程重點則是科技的應
用，包括科技如何解決市
場痛點、協助公司營運
等。

證書或文憑班的課時通常長約
數個月至一年，而學位課程需
時較長。課程有線上和線下之
分。線上課程以歐美院校為
首，學生或需要適應時差，例
如麻省理工學院（MIT）提供 AI
和大數據的課程，學生會在虛
擬課室內上課，課程設有討論
區，也有嘉賓訪問、評估等多
種學習模式。以下是我推薦的
大學院校網上課程。

另一邊廂，本港不同院校均有
開辦線下課程，課程內容從人
工智能、區塊鏈、到創新和創
業均有。為了更好地讓商界領

歐美院校開辦網上課程

院校課程	網址
加州大學柏克萊分校高階主管教育課程 (UC Berkeley Executive Education)	https://executive.berkeley.edu/
麻省理工斯隆管理學院 (MIT Sloan School of Management)	https://executive.mit.edu/open-enrollment/
歐洲工商管理學院高層教育課 (Insead Executive Education)	https://www.insead.edu/executive-education/open-online-programmes/
牛津大學賽德商學院 (Oxford Saïd Business School)	https://www.sbs.ox.ac.uk/programmes/executive-education/online-programmes/

袖參與數碼經濟的競爭,我為香港中文大學商學院的設計了一個數碼領導行政人員培訓系列(https://exed.bschool.cuhk.edu.hk/)。數碼領導力培訓系列包括新興科技與業務創新、數碼經濟的雙引擎:人工智能與大數據、平台革新與突破、區塊鏈創新與應用、敏捷產品開發的設計思維等。

2. 專業資格

「第三方機構專業評估個人的創科能力,個人參與考試後可獲得資格認證,公司也可按此評估應徵者能力。」

創科能力認證分為3類:第一類為供應商認證,例如亞馬遜的 AWS Certification 考核雲端專業知識與能力、微軟設有AI、數據和雲端服務Azure的認證等。香港亦有不少培訓機構如香港生產力促進局

（HKPC）、香港大學專業進修學院（HKU SPACE）和格納思通（KORNERSTONE）舉辦培訓及認證考試。

第二類為開源平台如OpenCertHub（www.opencerthub.com）發出的認證，專為開源項目而設，考核個人是否有能力運用Apache等開源平台的技術和知識，特別是第一章提及的數據素養。

最後一類為業界的協會和商會發出的認證，供會員參加考核，例如香港電腦學會（HKCS）的HKITPC認證、資訊系統稽核與控制協會（ISACA）的國際電腦稽核師認證（CISA）等。

5.3

創科圈內
持續進修

客戶需求隨時間不斷改變，我們需要敏捷地學習，才能貼近市場。在創科生態圈內持續學習新思維，與初創企業家交流想法，才是積極進路。

怡和餐飲集團與香港科技大學合作舉辦黑客馬拉松。

資料來源：香港科技大學

有別於上下游產業鏈，創科生態圈內有不同角色，未必有利益關係，大家集合組成社區供愛好者互相交流，透過參與活動，我們可以學習新創意，同時可以建立人脈網絡。

1. Demo Day

孵化器（Incubator）由政府及私人機構成立幫助初創企業成長，除了提供種子資金，還會提供導師培訓、場地、購買科技、專利和保護知識產權等。大學裡也有不同的基金可以申請支持現有概念發展成產品和測試市場。企業領導也可通過成為孵化器的評審、導師、培訓師，參與孵化器的活動，從中尋找與初創協作的機會。

加速器（Accelerator）如 Y Combinator、500 Startups、Plug and Play、China Accelerator 等，通常會選擇一些富有潛力的初創，例如有一定客戶和成熟的產品，協助它們規模化和發揚光大，也會幫助初創優化產品至更適合市場和吸引投資者，從而提升估值。

孵化器及加速器已成為全球最熱門的創業途徑，在初創演示日（Demo Day）中，初創會展示研究的成果，這些演示日一般是開放給公眾參觀。我們可以參加演示日，從中了解創業家的想法和創新科技應用。我們還可以不同的角色參與，例如成為孵化器及加速器的評審、導師、培訓師等。這並不是一次兩次的參與，我們可以經常參與這些活動，認識新朋友，從中互相學習及找到機遇。

2. 創科比賽

業界組織大型會議和展覽，近年不少大型企業也積極參與創科生態圈，期望加強自身的創新能力，比如舉辦黑客馬拉松（Hackathon），如花旗銀行 Citi Challenge、國泰航空24小時 HACKATHON、怡和餐飲集團與香港科技大學合作的 hackUST 及 hardUST 等。

黑客馬拉松並不是指入侵電腦的駭客，而是一個短期（周末兩天）的初創比賽，由公司提出痛點，參與者思考方法解憂，企業可以從中挖掘創業者的創新思維，而獲勝的參加者除了獲得獎金外，也能讓它們測試創新是否適合市場所需。不少企業現時的創新產品、服務及商業模式都是與初創公司協作的結果。

3. 投資生態圈

資金換來的，除了是科技應用外，也是創新的體驗。在生態圈內能迅速知道創新科技的資訊，就能盡快回應市場需求。積極推動創科發展，共創生態圈，必能取回比金錢以外的價值。

創科生態圈推動者（Enablers）如香港數碼港、科學園和應科院積極建立創科生態圈，大學內也有不少研發中心培養初創企業，成立基金項目鼓勵創業，技術轉移（Technology

Transfer）部門更會協助科研成果市場化。這些項目都需要資金，透過參與投資，可成為推動創科的一份子。

除了成為天使投資者或風險投資者外，企業也可組織內部基金（CVC）投資，鼓勵內部創業，為公司進行轉型，或投資外界的初創企業。

第 6 章

2030年的數碼世界

↘

科技日新月異，10年後，世界可能不一樣了。

8:00am 起床，智能機械人隨即為我遞上一杯溫水

9:00am 到機場上班，維修人臉識別系統

11:00am 工作時不小心跌碎了眼鏡，馬上聯絡設計師為我設計一副新眼鏡

12:00nn 下班，設計也完畢，我馬上把設計二維碼拿到附近的便利店作3D打印，一會兒後就拿到新眼鏡

2:00pm 智能合約通知我的賣樓手續已完成，立刻登入區塊鏈查看資料

6:00pm 晚飯高峰時間，為上班地點附近的人送個外賣

7:00pm 到酒店上班，今天的工作是要當婚禮的司儀，與我配搭的拍檔是小花，她是一個口齒伶俐的機械人，精於唱歌表演

11:00pm 下班，回家，智能助理已預先為我泡好洗澡水了，雪櫃也預先為好冷凍一杯蘋果汁，真舒服

大部分人
成為斜槓族

當某些工種可以由 AI 完全或部分取替，我可以選擇聘請 AI 或人類完成工作，既然不是每天都需要人類工作，為何每個月都要支付薪金？全職工作將會愈來愈少，愈來愈多人從事日結或兼職的工作，大部分人都將成為斜槓族。

基於人工智能、年輕人的取向、不同種類分享經濟的平台興起，使零工經濟在2030年成為主流。公司未來會在分享平台聘請員工，今個月可能是聘請 IT 專家，下兩個月可能聘請前線接待員。人力就像 SaaS（軟件即服務），用多少就付多少，將會是2030年對人才的看法。

共享經濟是三贏的局面，使資源的擁有人與需要使用資源的人配對，而中介數碼平台亦找到賺錢的商業模式。Uber 配對有車的人和需要使用出租車服務的人，這是共享經濟中最典型的例子，不論是用的、吃的、快遞、教育、看管寵物、

買賣貨物、做資料搜集、聘請外傭，甚至是寫書，只要能為社會資源撮合買賣雙方，就是分享經濟。

當你觀察分享經濟的模式，如果當中沒有AI和分享經濟的平台，資源的擁有人與需要使用資源的人都難以靈活調配資源，平台也不能找到賺錢的模式。因此分享經濟是三贏的局面，使資源的擁有人與需要使用資源的人配對，中介數碼平台亦找到賺錢的商業模式。基於AI、年輕人的取向、不同類型的分享經濟平台興起，使零工經濟在2030年成為主流。

零工經濟的啓示

公司應該分析哪一些工作可由內部員工負責、哪些可以交給AI處理、哪些工作需要聘請斜槓族。我們可能未來每天都會遇上不同的同事，與他們合作，因此公司必須要找出與數碼原住民員工加強溝通及參與的方法。開放的工作空間及開放的文化必須到位，開放的工作空間包括指員工的辦公桌及會議室可在辦公室內任何一個地方、辦公室設有健身區及休息區、或者實施在家工作等。

開放的文化則指管理層可與各級員工直接溝通、讓員工參與自己感興趣的項目、注重培養內部創業能力、績效管理應同時重視客戶參與和銷售結果、設計適合的福利如生日假及觀看音樂會的補貼等。

若能看通零工經濟及共享經濟的大趨勢，傳統企業可以成功找到精英人才，幫助自身企業成功數碼化轉型。

數碼同事
無處不在

數碼同事（Digital Colleague）的樣貌和心態可能與你非常接近，即是以人的形象出現，也可能有自己的性格，它可以成為你的合作伙伴、同事、下屬，甚至是老闆，可能是你的客戶和朋友。

我們說的AI，通常是指客戶服務部的聊天機械人、或者手機上的Siri和Google Assistant。這些弱人工智能（Artificial Narrow Intelligence，ANI）都只能解決某一類問題，例如銀行的AI懂得回答分行位置、申請信用卡的手續的問題，但若我問今天建議在哪裡吃飯，它就不懂回答了。但當AI發展愈來愈普遍、引入自然語言，我預計，我們將愈來愈難判斷在電話對面的是機械人還是真人。

通用人工智能

普遍的AI稱為通用人工智能（Artificial General intelligence，AGI），意思即是沒有範圍的限制。當你開啟銀行的AI聊天機械人，它除了能回答金融財務相關的問題外，今晚推薦吃什麼、看什麼電影通通能回答到。因為AI的機器學習能夠跨行業，從不同的行業獲得不同數據，這已經超越人類，因為人不可能懂得所有知識。

數碼助理的功能愈來愈強大，AI就能做到更多的事情，變成我們的數碼同事（Digital Colleague）。它可能無處不在，存在的形態也大有不同，可以是聊天機器人、數碼助理，也可以是前文提及的機械人流程自動化、配搭電腦視覺（Computer Vision）和人臉識別（Facial Recognition）的機械人。

數碼同事的樣貌和心態可能與你非常接近，即是以人的形象出現，它可以成為你的合作伙伴、同事、下屬，甚至是老闆，更可能是你的客戶和朋友。它有眼神、表情、甚至性格，可以與你以自然語言（Natural Language Processing）溝通，更具備大數據分析功能，整合所有東西。

建立最強人機團隊

我們應該如何管理這群數碼同事呢？最好的選擇是學習與它們協作，正如與人類同事合作一樣，我們要學習善用彼此的強項，以獲得最好的結果。數碼同事具備AI的長處，加上人類的創新力、領導力和溝通力，人機（Human-Machine）團隊將擊敗純機器或純人類的競爭對手。

客製化
成行業標準

我們真正能達到 Segment of One，即每個人都是一個細分市場，想得出來的個性化產品都馬上可以買到及立刻使用。

消費者期待每一個服務他們的商家都能夠提供個人化消費體驗。我們每個人都可以直接與生產商交談，並可以用 3D 打印在辦公室或家中得到自己的產品。生產商實際上可能是一個在 10,000 公里外工作的斜槓族。對於消費者來說，參與設計師的思考過程、獲得個性化的產品，還有收費因少了中介而便宜，這是一次完美的旅程。

Instagram 是千禧一代領先的社交媒體平台，有很多數據可以貨幣化，這是一個巨大的市場。我們可以透過了解 IG 理解客製化的成功要素。由於習慣在社交媒體上與朋友互動，IG 有一個「害怕錯過」(Fear of Missing Out) 的功能，這意味著由朋友創建的內容將在發表後一段時間內消失。IG 的另一個功能是每個人都可以投票，徵求粉絲甚至陌生人的意見，例如投票究竟我購買或不購買裙子。

虛擬商品也可客製

此外，我們還喜歡在數碼世界交朋友和做生意。無論是在社交媒體上還是在遊戲中，我們都將擁有虛擬身份、辦公室和

住宅。例如，我可以自行創建一個城堡，並邀請新朋友到訪參觀。當朋友喜歡我的虛擬家具時，可以用MR觸摸它，我也可以把自行設計的虛擬家具推薦給他們，以賺取佣金。

但對傳統供應鏈中的參與者來說，像物流公司、零售商甚至領先品牌，它們要積極進行數碼轉型，如成為數碼平台或產品設計公司，還需要有足夠敏捷能力，以接受按單生產（Make-to-order）的模式，迎合客製化的大趨勢及3D打印的挑戰，並爭取直接與最終用戶互動，才是上策。轉型成功的製造商會創造新的就業機會，如設計師、客戶服務、機器學習培訓師等。

萬物互聯的
智能城市

家居的電視機、Hi-Fi、雪櫃、冷氣機、燈、牆紙等成為一個團隊，能互相溝通及行動。當你回來的時候，它們根據你今天的心情播出最適合的電視節目及音樂，準備好你最喜歡的食物及飲品、調配了最適合的燈光、溫度，甚至牆紙的顏色，那是多麼美好。這個組合是經過大數據的分析，再結合 AIoT 才能做得到。

前文提過在世界現時已有 500 億個物聯網傳感器的設備，但世界上還有很多「死物」，還未懂得提供數據或接收數據，也不會與其他物件溝通。但在 2030 年，所有硬件都將成為物聯網設備，甚至內置 AI，成為 AIoT（人工智能加上物聯網）。

AIoT=AI +IoT

物聯網設備能夠讓物件能夠與物件、與人類和系統溝通。如果所有物品都能溝通，萬物互聯，再加上 5G 的網絡，可能將

來更進一步的 6G 網絡，速度和準確度大大提高，就能做到實時溝通和萬物互通，應用的層面和廣泛性就更大。智能家居、智能辦公室、智能交通，以至智能城市將都實現。

現時回家之前開動冷氣機已經是一點智能，但將來智能家居不需要人的參與，你的家中將增加十多個手下，而這些手下非常了解你的需求，而你的需求會不時轉變。你家居的電視機、Hi-Fi、雪櫃、冷氣機、燈、牆紙等是一個團隊，能互相溝通及行動。當你回來的時候，它們根據你今天的心情播出最適合的電視節目及音樂，準備好你最喜歡的食物及飲品、調配了最適合的燈光、溫度，甚至牆紙的顏色，那是多麼好。這個組合是經過大數據的分析，分析主人的性格和喜好，再結合AIoT才能做得到。

APIs 使一切合而為一

◼到2030年仍然屹立不倒的金融機構，需要擁有不同種類API，無縫地與客戶每一個工作及生活的環節融合在一起。◼

除了智能家居外，衣食住行也可以互通，例如我們可以在網上比較不同的餐廳、在網上預訂餐廳，大數據分析後能推薦最合適的餐點給我，更可以把銀行的服務融合當中，使用衣食住行的應用程式已經可以做到，因為它們已經整合了多種金融服務，包括保險和證券，這全都有賴於API。

所以在2030年會有金融即服務（Finance-as-a-Service）的概念，意即我們不需要在銀行或網上銀行處理事情，不用直接去銀行，就能使用過去在銀行才能享受到的服務，大多數應用軟件已能提供金融服務的功能，同時大多數金融服務的應用軟件也能提供衣食住行服務的功能。

2030年的銀行已經不是銀行，而是金融平台。一部分今天的大型金融機構在未來將負責提供金融服務，到2030年仍然屹立不倒的金融機構，需要擁有不同種類API，無縫地與客戶每一個工作及生活的環節融合在一起。

區塊鏈
成商業活動核心

互聯網用了8年時間到達5億的用戶,預測區塊鏈需要10年時間到達5億的用戶,互聯網需要16年才到達20億的用戶,預測區塊鏈需要18年時間。所以許多時候都會把區塊鏈與互聯網比較,因為兩者的接受程度和震撼力都相當接近。

我們之前提到區塊鏈的好處,例如安全和可追溯性。由於科技的成熟程度和世界的標準並不統一,區塊鏈現今仍在發展階段。但到2030年,我們會看到區塊鏈將成為今日的互聯網,我們相信在2030年區塊鏈約有20億用戶,當然在商業社會的應用會比較多,會變成主流。

區塊鏈除了在商業社會應用,如智能合約上,也可以是世界性的,也可以是由數間公司組合而成的區塊鏈。無論公司單獨使用區塊鏈或數間公司合組而成的聯盟鏈,都可享有區塊鏈的好處,所有參加者也需要遵守區塊鏈的規矩。以上種種相加,再加上在商業社會使智能合約發揚光大,全世界不同的交易系統都能放在區塊鏈上,使大家受到更好的保障,區塊鏈成為真正的主流。

拔得頭籌贏先機

在今天，區塊鏈科技、應用、國際標準、法律、政府政策及監管尚面對不少挑戰。不過其實昔日的互聯網、物聯網、人工智能都經歷差不多的旅程，科技研究公司Gartner稱這階段為幻滅的深溝（Trough of Disillusionment）。它們相信到2025年至2030年，區塊鏈的問題會被解決，成為主流科技。

因此我們現時應特別留意區塊鏈的發展，特別是區塊鏈初創的創新、國家政策、行業聯盟等，積極尋找新的商業模式、提高客戶信任度、探討與科技初創協作、減低成本的機會及參考全球案例。趁現時學習區塊鏈，甚至考取區塊鏈的認證，就能在機會來臨時把握機遇。

總結

萬變不離其中，無論現今科技如何發展，職場的需求、客戶的痛點不斷改變，我們可以學習新方法、有新的創意，運用新科技解決問題，才是我們的數碼力。

在今天的數碼時代，變革以至顛覆才是新常態。科技巨頭及大學每天有新的研發突破，初創每天有新的產品及商業模式推出市場，客戶需求的轉變速度愈來愈快，世界政治和經濟像風雨一樣難以預測，我們未必能完全預測 2030 年數碼世界發展到什麼情況。

但是綜合整本書的精髓，希望大家不論認識了多少科技、多少創新、多少例子、多少不同的學習方法，甚至是預測未來，不論世界如何轉變，我們最重要的是以客戶為中心。現時的科技可能已經解決到問題，亦可能解決不了，有沒有新的科技可能幫助我們呢？我們需要敏捷的創新方法，我們不斷測驗假設，我們不斷挑戰自己的想法，從而提出最好的創新方法，才是我們的出路。

在創科路上，開始時你可能研發了很多創新，但今日沒有能應用的場合，不代表明日不能應用。當客戶的痛點改變，你的創新或許大派用場，有了突破，能夠解決問題。

這就是這本書的終點，希望能夠帶給大家一些啟發。創新及科技對我們的價值絕對是無可置疑，雖然它是一把雙刃劍，但我們只要管理好其中可能存在的挑戰及風險，如網絡安全、法律事務、知識產權、數據私隱等，我相信大小企業的老闆、管理層、專業人士、以及各行各業的員工都能夠在數碼時代轉型成功，找到正確方向發展，從而享受到數碼科技給予我們的價值。

最後我想與你分享我的座右銘——終身學習。我的博士學位是在40多歲時，一邊工作一邊完成的。數碼世界不斷演變，只有終身學習才能擁有持續的競爭力及生存力。

Click 05

數碼力
大提升

作者	湛家揚博士（Dr. Toa Charm）
出版經理	呂雪玲
責任編輯	梁韻廷
書籍設計	Gigi Ho
文稿整理	陳澤匡、蔡凱琳、李恩希、Rachel Hung
相片提供	湛家揚博士、Getty Images、網上圖片

出版	天窗出版社有限公司 Enrich Publishing Ltd.
發行	天窗出版社有限公司 Enrich Publishing Ltd.
	九龍觀塘鴻圖道78號17樓A室
電話	(852) 2793 5678
傳真	(852) 2793 5030
網址	www.enrichculture.com
電郵	info@enrichculture.com
出版日期	2020年9月初版

承印	嘉昱有限公司
地址	九龍新蒲崗大有街26-28號天虹大廈7字樓
紙品供應	興泰行洋紙有限公司

定價	港幣 $138　　新台幣 $580
國際書號	978-988-8599-13-4
圖書分類	(1) 市場營銷　(2) 工商管理

支持環保
此書紙張經無氯漂白及
以北歐再生林木纖維製造，
並採用環保油墨。